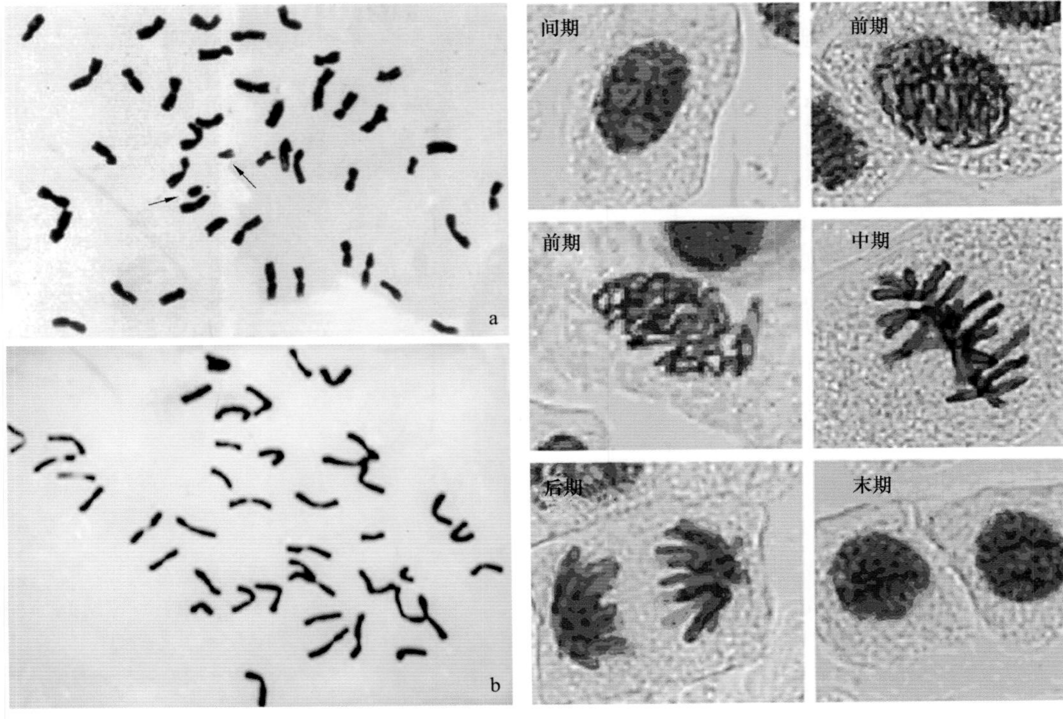

彩图 1-2　染色体

a．小冰麦异附加系 TAI-14t 的体细胞染色体，示一对端着丝粒染色体（韩方普供稿）；b．六倍体小黑麦根尖细胞染色体（$2n$=42）（苏木精染色）

彩图 1-3　洋葱根尖有丝分裂

彩图 2-1　六倍体小黑麦减数分裂中期Ⅰ，苏木精染色

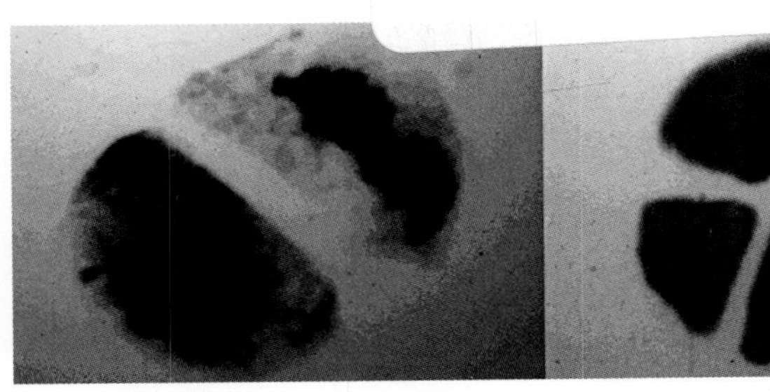

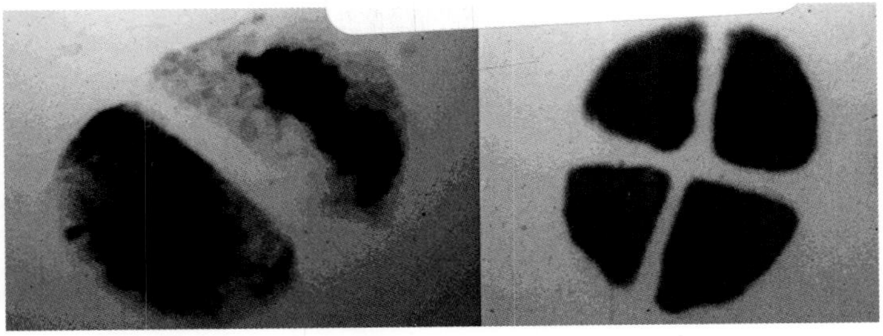

彩图 2-2　六倍体小黑麦减数分裂，二分体（左）和四分体（右），苏木精染色

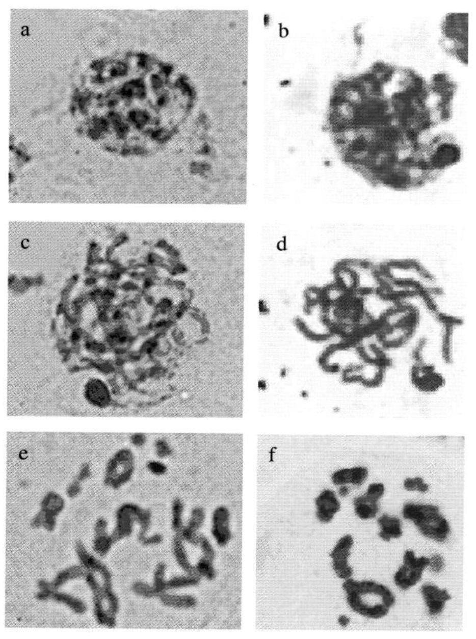

彩图 2-3　蝗虫精巢减数分裂一

a．精原细胞；b．细线期；c．偶线期，
d．粗线期；e．双线期；f．终变期

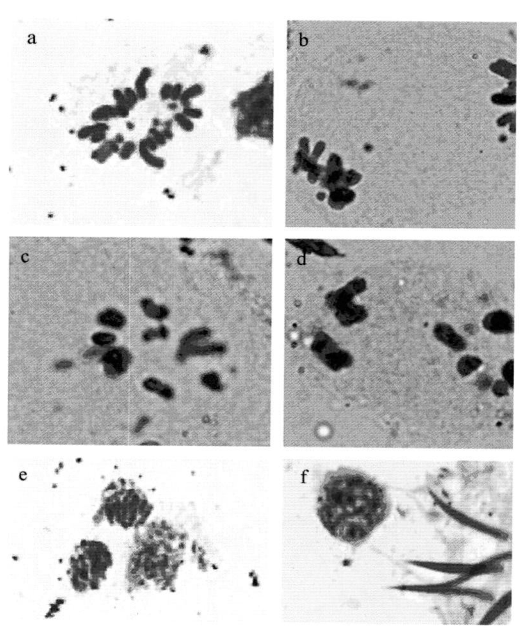

彩图 2-4　蝗虫精巢减数分裂二

a．中期Ⅰ；b．后期Ⅰ；c．中期Ⅱ；d．后期Ⅱ；
e．末期Ⅱ（左侧）；f．精子（右侧）

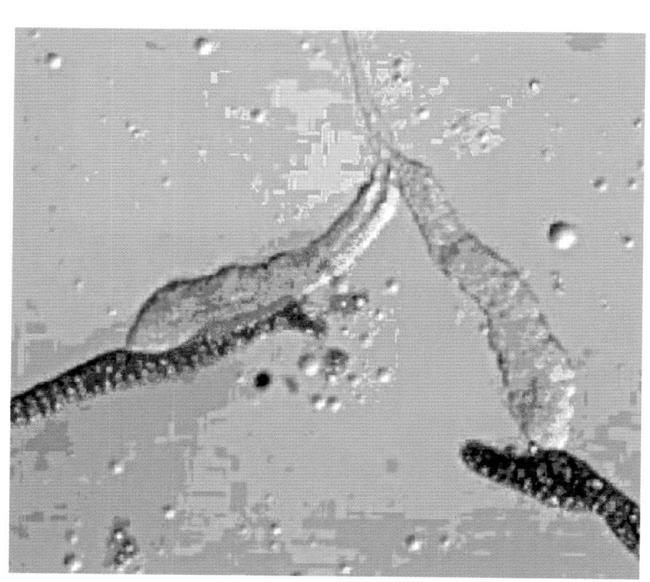

彩图 3-1　解剖镜下观察的果蝇唾液腺及脂肪体

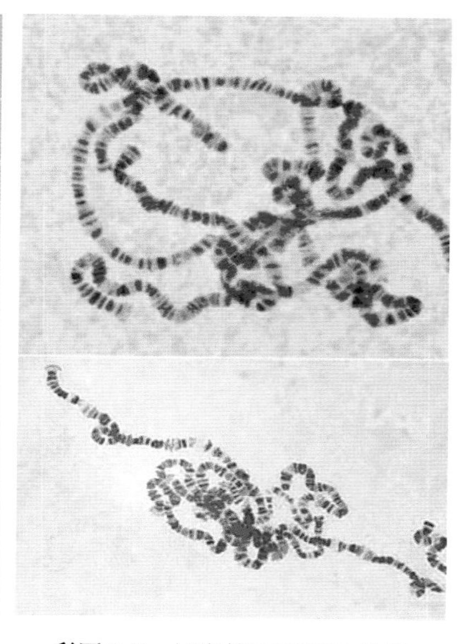

彩图 3-2　显微镜下观察的果蝇多线染色体

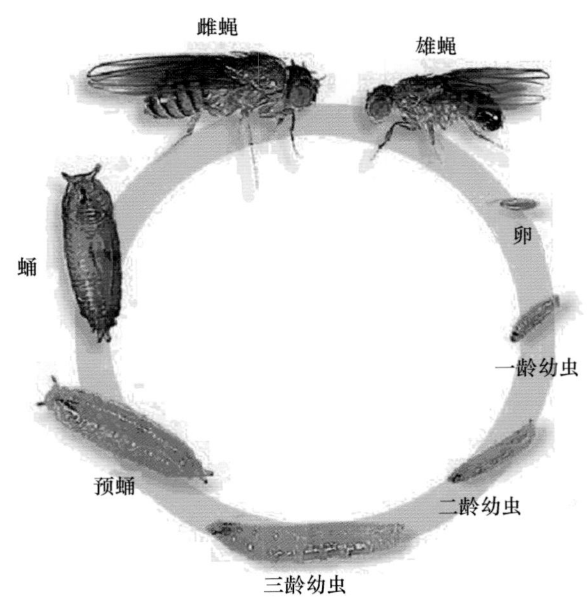

彩图 4-1　果蝇完全变态发育过程

雌蝇♀		雄蝇♂	
体型较大			体型较小
腹节背面五条黑纹		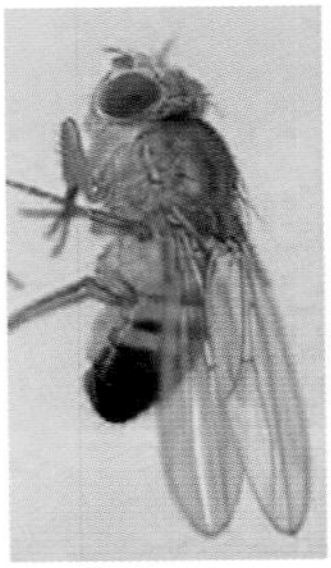	腹节背面三条黑纹 最后一条延伸至尾部最末端成一黑斑
无性梳	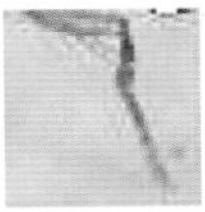		第一对足第一跗节有黑色性梳
腹侧腹节尾端的外生殖器无色，尾部较尖	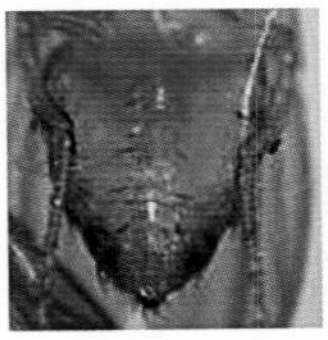	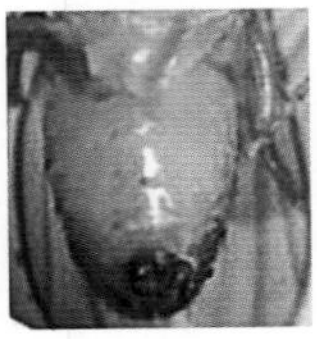	腹侧腹节尾端的外生殖器红褐色，复杂，尾部较圆

彩图 4-2　雌、雄果绳的差异

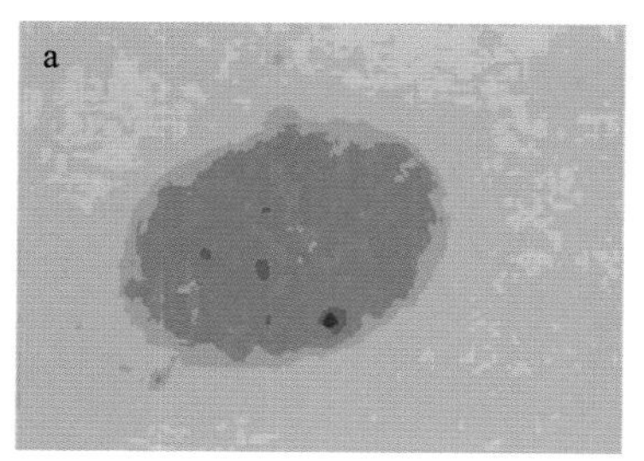

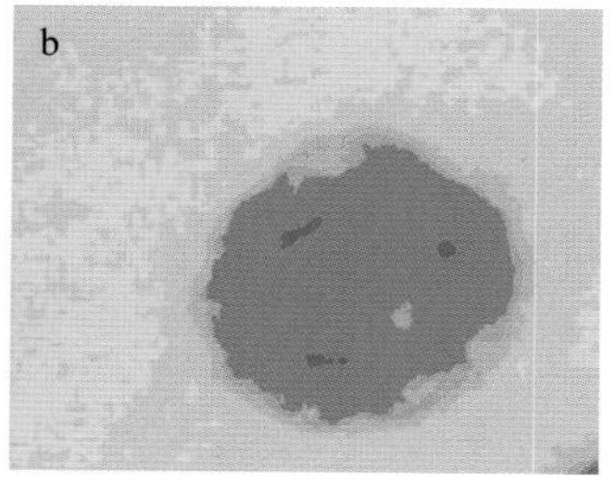

彩图 5-1　油镜下观察巴尔小体（a 为阳性细胞，b 为阴性细胞）

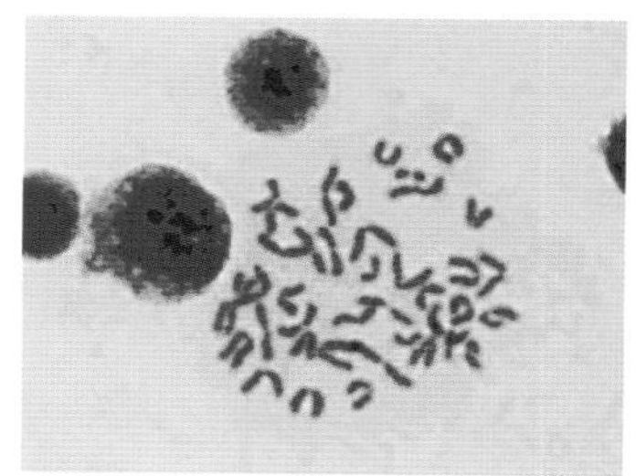

彩图 6-2　小鼠骨髓细胞染色体

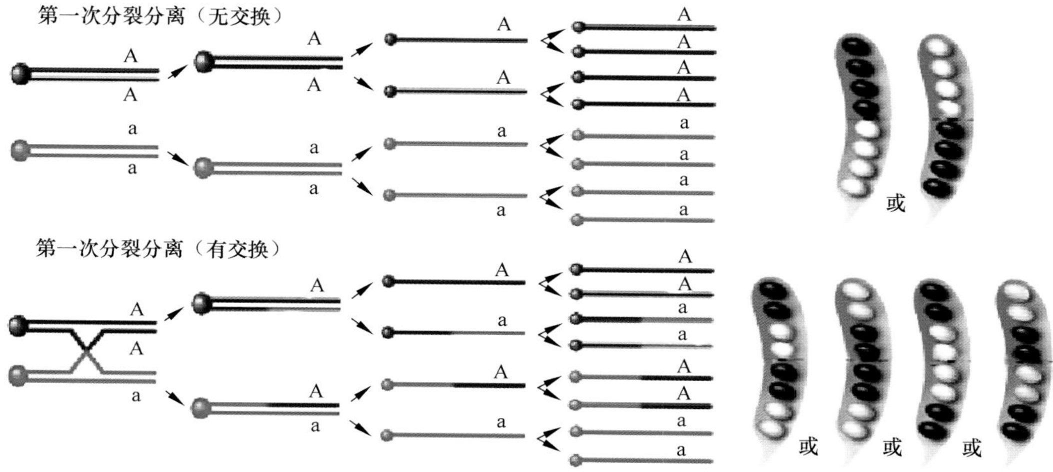

彩图 12-1　基因 A、a 与着丝粒之间的交换

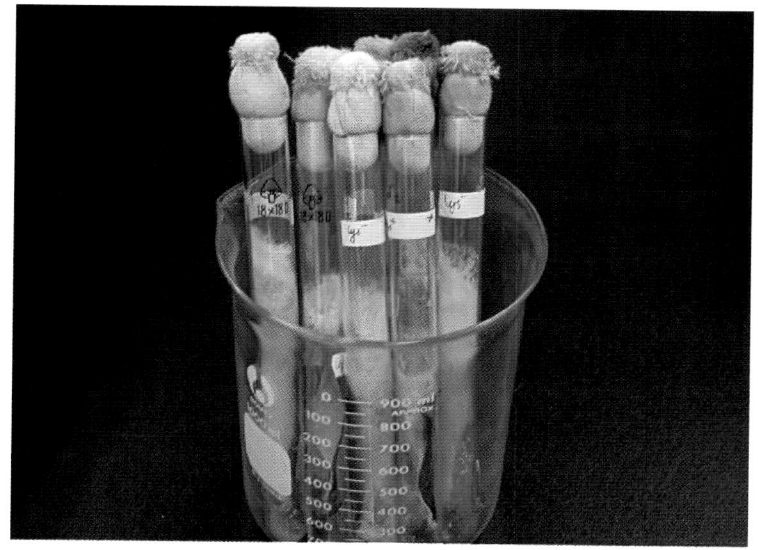

彩图 12-2　试管内培养的粗糙链孢霉野生型和赖氨酸缺陷型

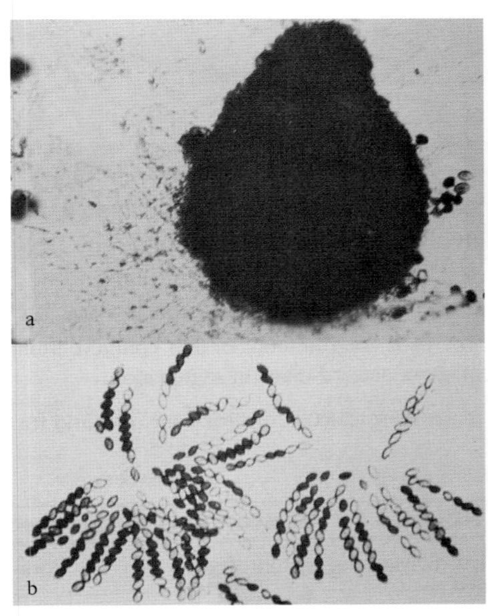

彩图 12-3　粗糙链孢霉的分离和交换

a．成熟的子囊果；b．散开的子囊

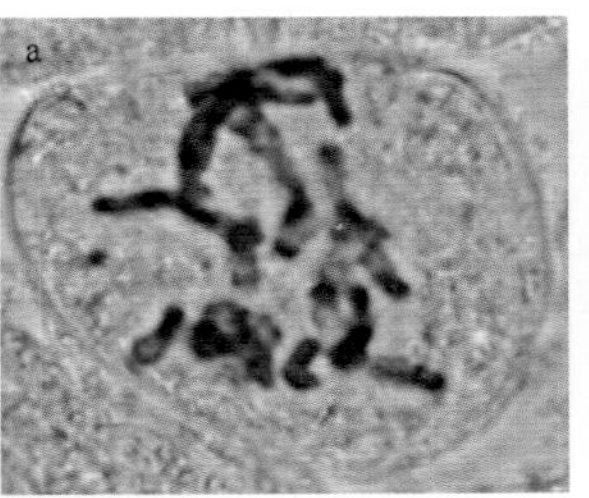

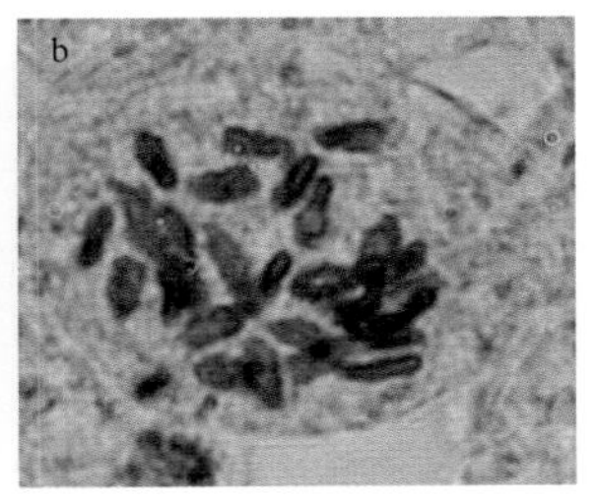

彩图 13-2　蚕豆根尖染色体

a．正常二倍体细胞；b．染色体加倍后的细胞

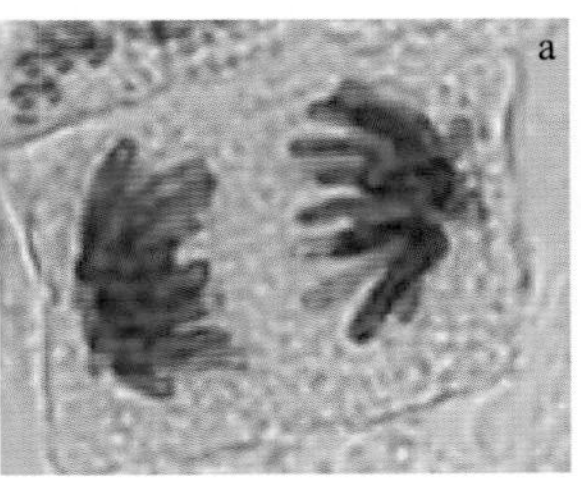

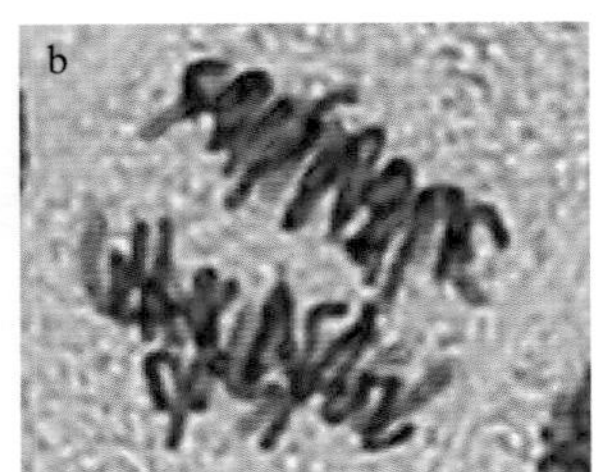

彩图 13-3　洋葱根尖染色体

a．正常二倍体细胞；b．染色体加倍后的细胞

彩图 15-1　植物细胞悬浮培养

a．水稻愈伤组织培养；b．悬浮细胞培养

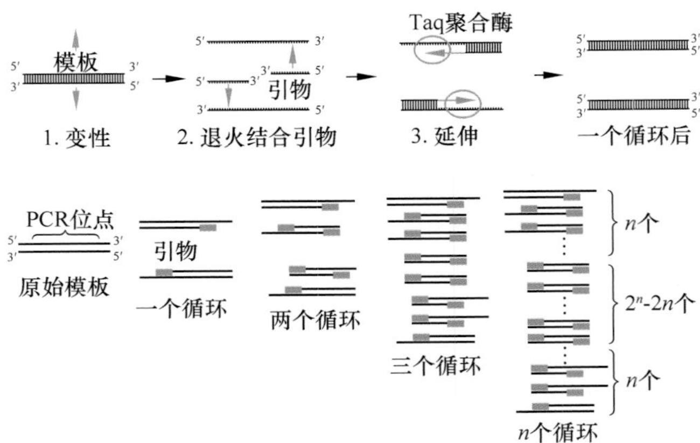

彩图 17-1　PCR 的原理示意图

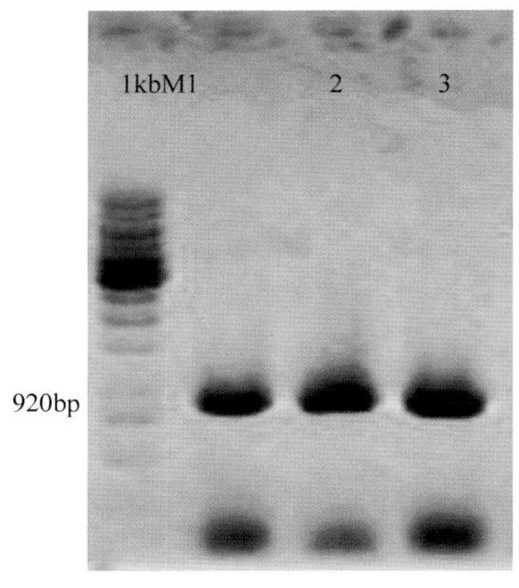

彩图 17-2　PCR 产物凝胶电泳检测

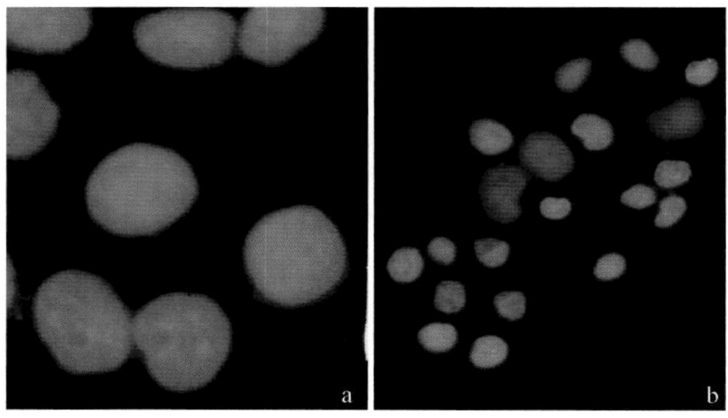

彩图 18-1　羟自由基诱导海拉细胞凋亡

a．为对照组；b．为用 0.1mmol/L $FeSO_4$ 和 0.6mmol/L H_2O_2 处理 24h 的效果

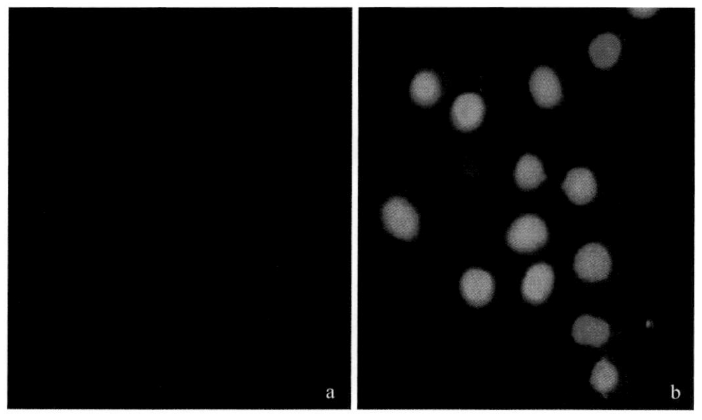

彩图 18-2　TUNEL 检测细胞凋亡

a．为对照细胞；b．为 0.1mmol/L $FeSO_4$/0.6mmol/L H_2O_2 处理 24 小时的效果

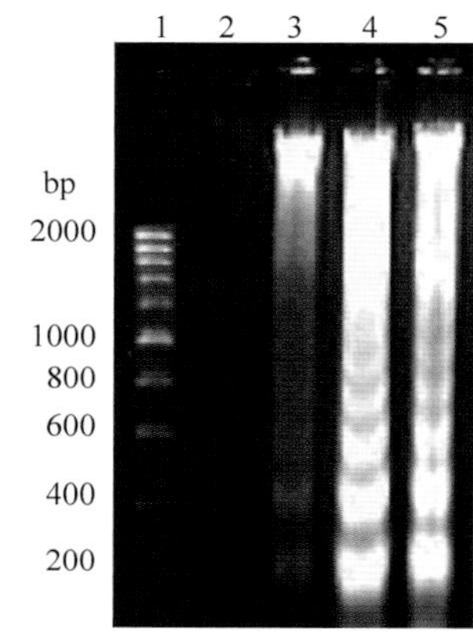

彩图 18-3　DNA 梯状电泳

列 1：DNA marker；列 2：对照细胞；列 3：用 0.1mmol/L $FeSO_4$ 和 0.3mmol/L H_2O_2 处理 24h 的海拉细胞；列 4：用 0.1mmol/L $FeSO_4$ 和 0.6mmol/L H_2O_2 处理 24h 的海拉细胞；列 5：用 0.1mmol/L $FeSO_4$ 和 0.9mmol/L H_2O_2 处理 24h 的海拉细胞

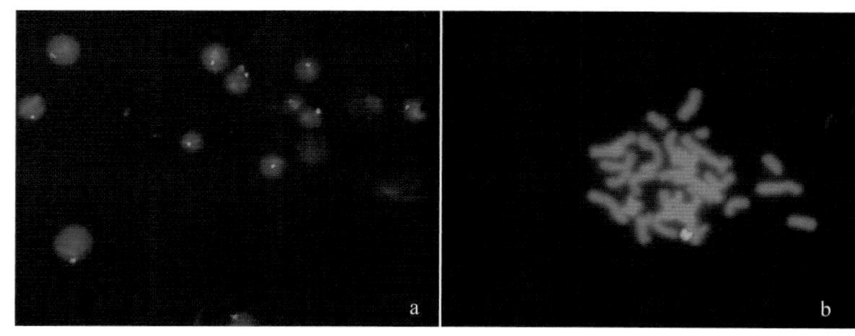

彩图 19-1　荧光原位杂交

a．间期细胞；b．中期细胞，Y 染色体荧光标记探针

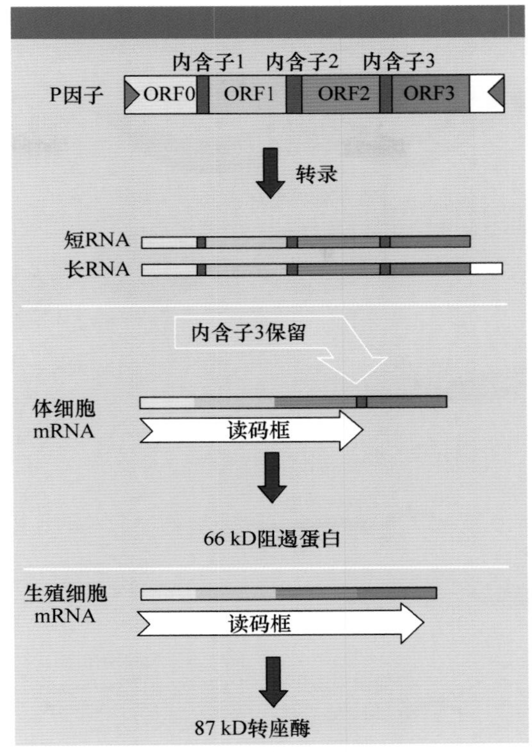

彩图 25-1　果蝇 P 因子转录示意图

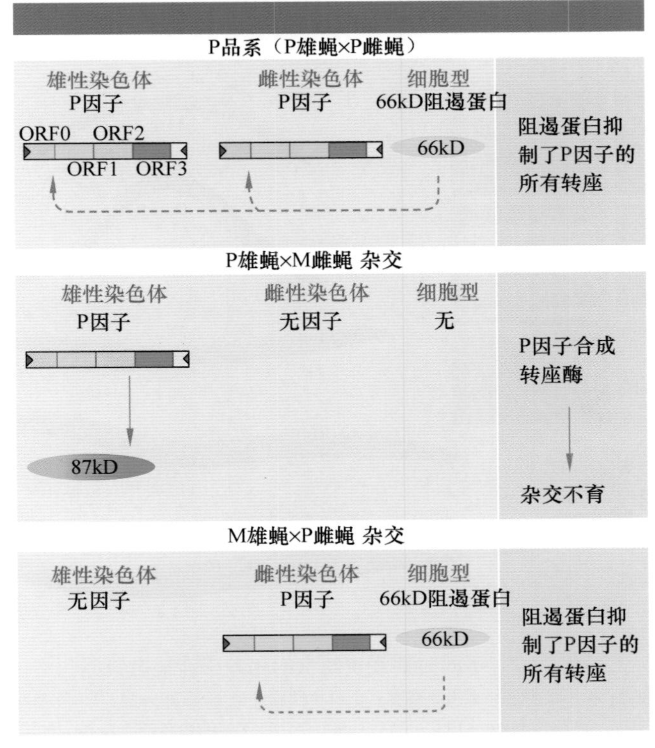

彩图 25-2　母源阻遏蛋白对 P 因子杂交不育性别定向的影响

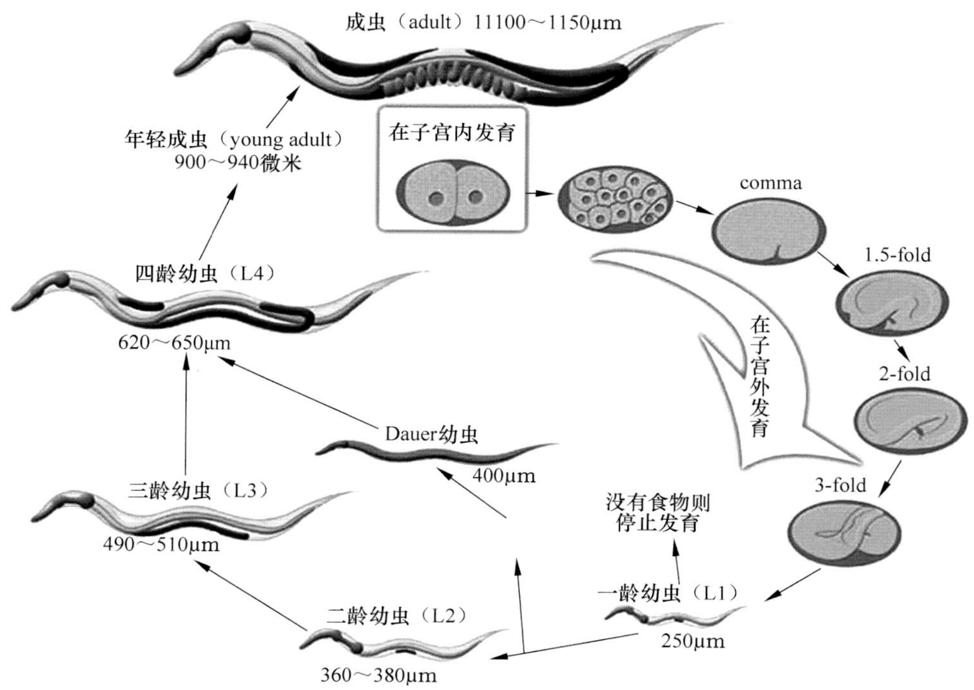

彩图 27-1　秀丽线虫的生活史（22℃）[3]

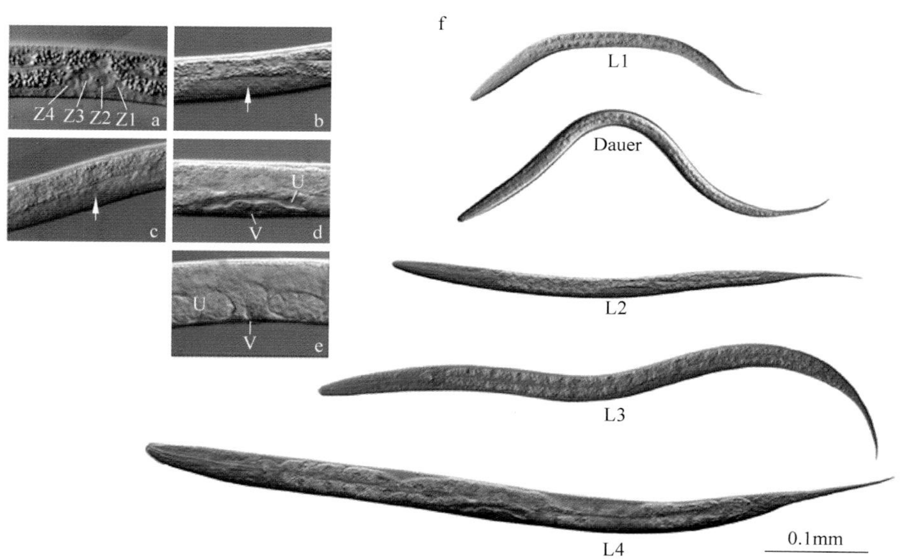

彩图 27-2　不同时期线虫幼虫的相差干涉显微镜图[3]

a．L1 性腺细胞；b．L2 性腺；c．L3 性腺；d．L4 性腺；e．产卵器外翻；f．各个发育阶段的幼虫 V．产卵器（vulva）U：子宫（uterus）；d～f 中的白色箭头所指为性腺

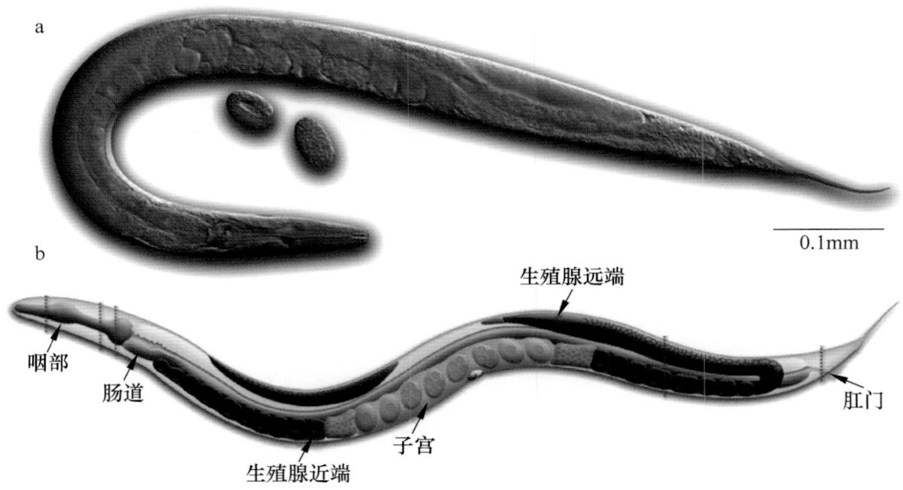

彩图 27-3　秀丽线虫雌雄同体成虫形态结构 [3]

a．用相差干涉显微镜拍摄的成年雌雄同体线虫；b．成年雌雄同体线虫解剖模式图

图中标尺为 0.1mm

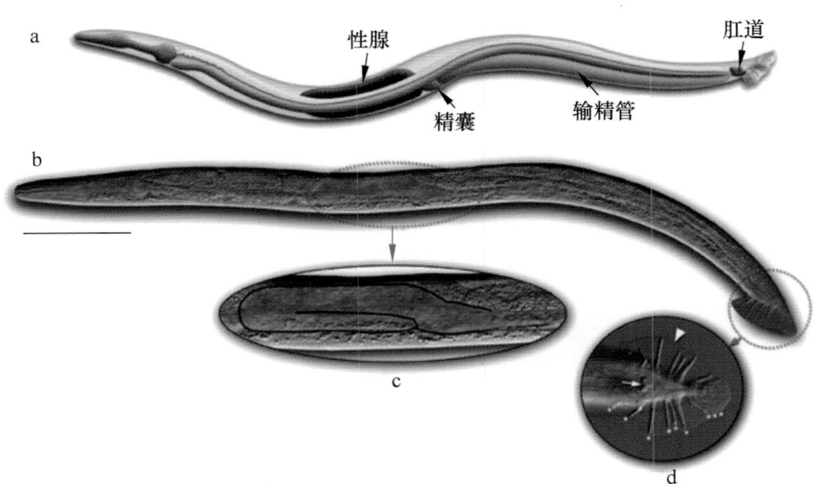

彩图 27-4　秀丽线虫雄虫（成虫）形态结构 [3]

a．成年雄虫解剖模式图；b. 用相差干涉显微镜拍摄的成年雄虫全长；

c．放大的生殖腺远端；d. 放大的雄虫尾部

图中标尺为 0.1mm

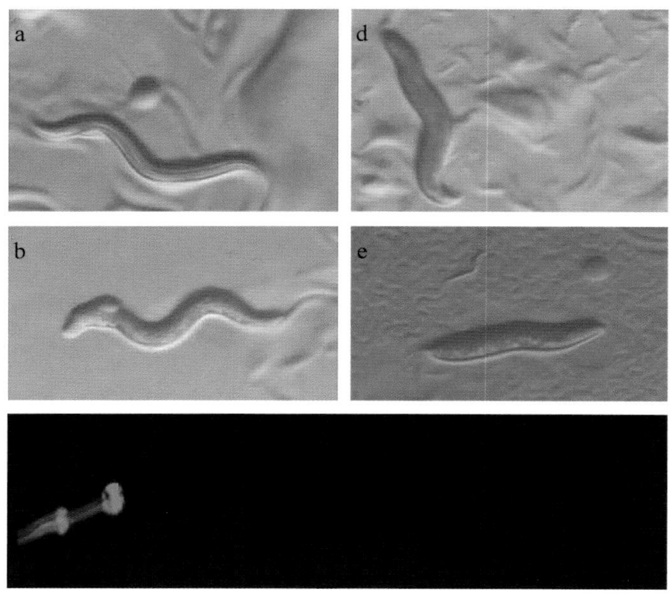

彩图 31-2　实验材料中各线虫品系表型

a. N2; b. *bli-5*(*e518*); c. hT2; d. *unc-62*(*e644*) *dpy-11*(*e224*)V;
e. *dpy-5* (*e61*) *unc-75* (*e950*)

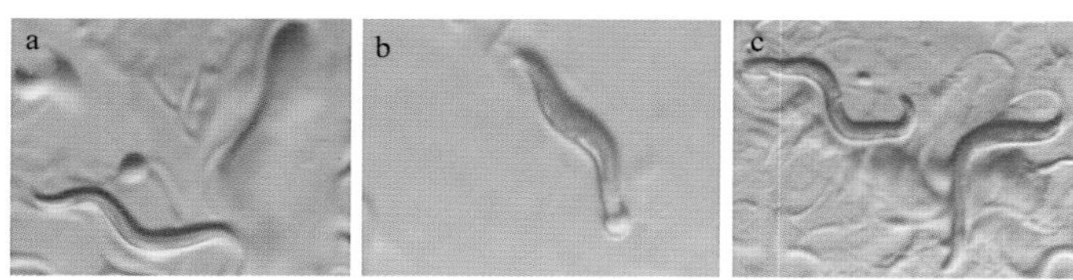

彩图 32-3　实验材料中各线虫品系表型

a. N2; b. *dpy-18* (*e364*) *bli-5* (*e518*) Ⅲ; c. *unc-71* (*e541*) Ⅲ

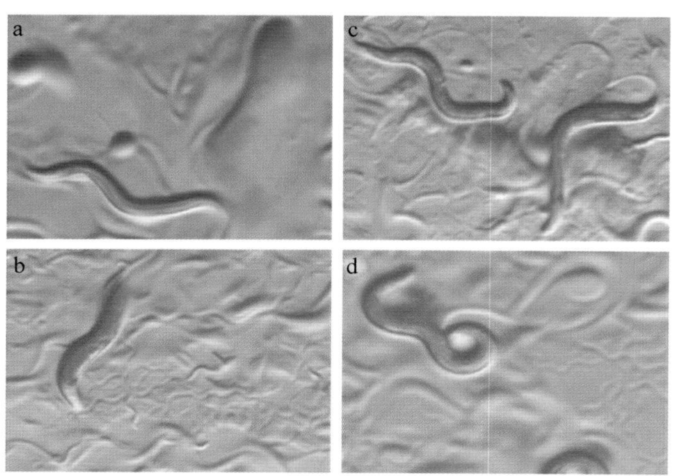

彩图 34-1　实验材料中各线虫品系表型

a. N2; b. *dpy-5* (*e61*) Ⅰ; c. *unc-71* (*e541*) Ⅲ; d. *unc-75* (*e90*) Ⅰ

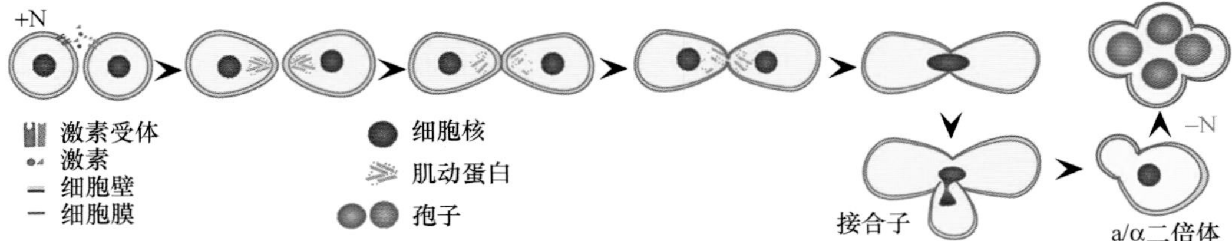

彩图 36-2　酿酒酵母的交配过程 [3]

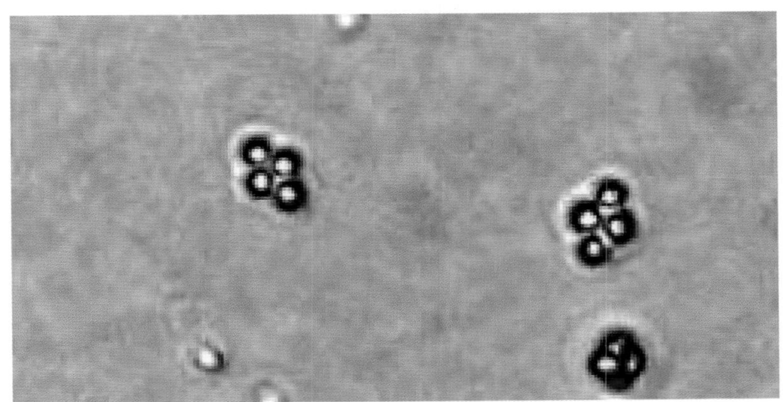

彩图 37-2　显微镜下酿酒酵母的四分孢子囊

高等院校生命科学与技术实验教材

普通遗传学实验指导

（第2版）

吴琼　林琳　张贵友　主编

清華大學出版社
北　京

内 容 简 介

本教材分基础实验和开放实验两部分。基础实验涵盖了经典且易行的遗传学实验，包括利用不同染色手段对不同状态下的染色体进行观察，对遗传物质在个体间的传递过程进行探索，对遗传物质进行人为操纵等各个方面的实验。在新版的实验教材中，基础实验部分着重添加了一些近些年发展起来的遗传操作新技术、新手段，如多片段酶切连接、荧光定量PCR等，力求让学生及时了解技术前沿。开放实验主要以果蝇、线虫、酵母、拟南芥等多个在生命科学研究中非常常用的经典模式生物为研究对象，涵盖了遗传学基本定律的验证、对遗传物质的检测和操纵等实验，实验难度有易有难，教师和学生可根据情况进行选择。这部分的实验指导仅给予一些必要的知识的辅助，引导和鼓励学生自行设计具体的实验流程与操作，以求调动学生的自主学习能力和兴趣，使学生对实验及其原理有更深层次的理解。

图书在版编目（CIP）数据

普通遗传学实验指导 / 吴琼，林琳，张贵友主编. --2版. --北京：清华大学出版社，2016（2022.9重印）
高等院校生命科学与技术实验教材
ISBN 978-7-302-44138-0

Ⅰ.①普… Ⅱ.①吴… ②林… ③张… Ⅲ.①遗传学—实验—高等学校—教材 Ⅳ.①Q3-33

中国版本图书馆CIP数据核字（2016）第139088号

责任编辑： 罗 健
封面设计： 戴国印
责任校对： 刘玉霞
责任印制： 从怀宇

出版发行： 清华大学出版社
网 址： http://www.tup.com.cn，http://www.wqbook.com
地 址： 北京清华大学学研大厦A座 **邮 编：** 100084
社 总 机： 010-83470000 **邮 购：** 010-62786544
投稿与读者服务： 010-62776969，c-service@tup.tsinghua.edu.cn
质量反馈： 010-62772015，zhiliang@tup.tsinghua.edu cn
印 装 者： 三河市龙大印装有限公司
经 销： 全国新华书店
开 本： 185mm×260mm **印 张：** 11 **插 页：** 6 **字 数：** 294千字
版 次： 2003年1月第1版 2016年9月第2版 **印 次：** 2022年9月第4次印刷
定 价： 29.80元

产品编号：051254-01

前　言

我们跨入21世纪已经近20年，如果说“21世纪是生命科学的世纪”在过去的30年间一直有争议的话，随着生命科学及相关学科的发展，它的重要性已经毋庸置疑，它对其他学科所起的推动作用已经被工程学、信息学、人文社会科学等各学科方向的学者所认可，更毋庸说与数学、物理、化学等基础自然科学的相互融合。与此同时，生命科学与医学的关系也日益紧密，作为一个相辅相成的整体给人类的生活带来了巨大的变化。

遗传学一直都是生命科学中重要的组成部分。传统遗传学关注的核心问题是遗传与变异，然而随着近年来与生命科学其他研究方向的结合，遗传学在多个方面展现出了交叉特质，细胞遗传学、分子遗传学、微生物遗传学、数量遗传学等都得到了充分的发展。随着人们对遗传特性认识的不断深入，新兴的表观遗传学等对中心法则也做出了全新的理解和补充。现代遗传学已经完全跳出了传统的认知框架和学科限制，可以说一切生命现象都是和遗传紧密相关的，而对生命信息的传递更是一切生命现象的本质。我们迎来了对遗传学认识完全不同的时代，这也是清华大学普通遗传学实验课程改革和本实验教材编写的初衷。

第2版教材是在第1版的基础上调整、补充和延伸的。在第1版教材中，普通遗传学实验作为配合遗传学理论教学而设置的一门基础课程，教材的编著、实验课的教学力求使学生能够对遗传学的基本理论和概念有更加深刻的认识，激发同学们探索遗传学规律的浓厚兴趣；更为重要的是，在实验过程中培养同学们发现问题、分析问题和解决问题的能力，锻炼同学们实际操作能力。第2版教材通过设置基础实验和开放实验，希望学生在掌握基本理论知识之外，能够更主动地进行自主性学习，通过开放实验了解一个真正的研究是如何从选择一个科学问题和研究对象开始的，根据已有的知识设计和完成实验，也是将基础遗传学实验和真正的研究结合的一个大胆尝试。这其中最重要的是鼓励学生按研究思路去学习基础生物学知识和技能，真正实现现代高等教育所倡导的研究型教学方式。

清华大学生命科学学院遗传学教研室通过多年的教学实践，在综合考虑培养目标、学时设置、本门课程与其他课程的重叠情况等因素的情况下，选用了本书所包括的实验内容，其中有经典遗传学实验、细胞遗传学实验、微生物遗传实验、植物遗传学和分子遗传学实验等。所列的实验可以根据学生的学习及院系课程的设置情况，与微生物实验、细胞生物学实验、分子生物学实验等不同的基础实验一起统筹规划和安排。

本教材最突出的特点是提供了丰富的开放实验内容，尤其是增添了多种模式生物作为研究对象，希望让学生看到遗传现象在不同典型生物中的展现。这些实验可以采用开放或半开放的形式进行，让使用教材的教师和学生能有更多选择的空间，既可以围绕一种模式生物并结合基础部分进行贯穿性模块设计，也可以对不同模式生物和遗传技术进行组合学习。在此基础上，也鼓励学生根据自己的基础生物学知识或进入实验室的科研情况自主调整实验方案，因而课程的设置可以更自由，可以为不同年级的生物学专业或非生物学专业的学生提供个性化的教学支持。

本教材采用的图片（除特殊说明外），均为本实验室工作人员在遗传学研究和实验教学过程中所拍摄和制作的。许多教师和工作人员在教学实践中对实验内容和教学方法提出过许多宝贵的意见和建议，使得遗传学实验的教学得到不断完善。多位助教为这版教材的编著提供了大量的帮助，并参与了不同部分的编写。其中胡皖桐负责果蝇部分相关内容的撰写及整个教材的整理和校稿，赵培博士全面参与设计了线虫相关实验，姜双英、罗周卿协助了酵母相关实验的内容的完善，于泳涛协助了植物遗传学相关实验的设计和编写，姚绎和黄彬璐则负责对前一版中沿用的基础实验进行了重新的整理和补充。对此我们深表谢意！

由于时间仓促以及我们的水平有限，教材中可能会有许多不妥之处，希望各位同仁批评指正，我们将不胜感激。

作者于清华园

2016 年 8 月

目　录

基础实验

（实验 1～实验 20）

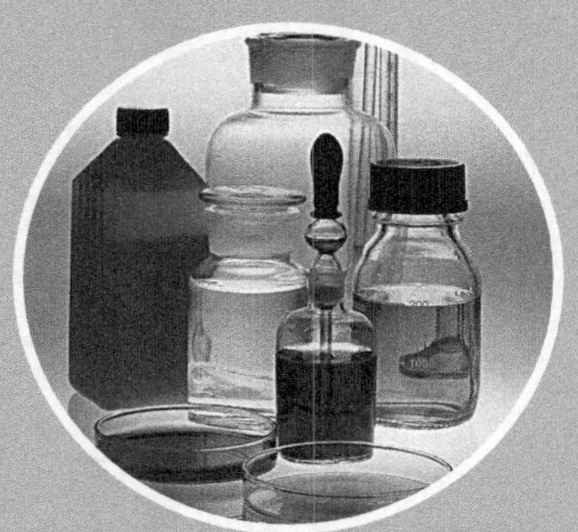

实验 1

植物染色体常规压片技术及核型分析

一、实验目的

1. 学习植物材料的固定方法和常规压片技术。
2. 观察有丝分裂过程中染色体的动态变化。
3. 掌握核型分析的原理和方法。

二、实验原理

一般认为，生命的特征为具有自我复制能力。单细胞生物通过细胞分裂而增殖，而对于多细胞生物体来说，其由受精卵开始的生长发育以及正常生命活动中的细胞更新都依赖于有丝分裂。正是由于人们在 19 世纪逐渐了解了细胞分裂的知识，才能够对孟德尔定律有比较深刻的认识。而细胞在进行有丝分裂的过程中，遗传物质的复制与传递是人们最为关心的。通过研究细胞分裂过程中染色体的变化，人们对于遗传因子（genetic factor）的认识更为深刻。[1]

理论上只要能够进行细胞分裂的细胞都可以作为观察染色体的材料，但考虑到具体实验所需，我们通常选取一些易于取材与操作，细胞分裂旺盛的组织，比如植物的顶端分生组织（根尖和茎尖）、居间分生组织（禾本科植物的幼茎及叶鞘）、愈伤组织和胚乳、萌发的花粉管等作为观察有丝分裂染色体的材料。[2] 细胞遗传学中观察染色体变化最基本最常用的方式即寻找适于实验的材料，进行取材，并经固定、离析、染色等处理后制成染色体玻片标本，即可利用显微镜直接对有丝分裂和染色体进行观察。染色体的观察既可加强人们对于染色体及有丝分裂原理的认知，也可在物种亲缘关系鉴定、染色体变异、杂种分析等工作中有着广泛的用途。

1．核型的概念

核型（karyotype）是指细胞核内染色体群的形态而言，是一个物种的体细胞内染色体数目、形态、长度等情况的总和。因此可以用核型代表生物的不同类型和特征。1922 年，德劳内（Delaunay）曾把核型作为系统学和分类学的单位。他认为从分类系统上看原始物种的染色体较长，而新的属染色体较短，因而染色体的缩短是核型的进化。有学者观察到核型在种、属间有渐变的差异，因此认为核型不是固定不变的。

核型研究的新趋势是研究染色体形态、结构和功能的关系。除了观察有丝分裂中期染色体的数目、形态，各染色体间的差异，初缢痕和次缢痕的位置，随体的大小及数目外，还要注意染色体的结构、带型及间期染色质的形态差异等。

2．核型分析的内容

（1）染色体数目：通常统计根尖、茎尖等体细胞的染色体数目。

（2）染色体形态：观察染色体的长度、着丝粒及次缢痕的位置、随体的形态等。

a. 长度测定：染色体通常为棒状，在测量时从染色体的一端到另一端的线性长度，通常以微米（μm）表示。

绝对长度：指在显微镜下用测微尺直接测量的长度。染色体的绝对长度常因分裂期的差异、处理方法的不同而有所变化，因此绝对长度的数据也只有相对意义。

相对长度：是每条染色体的绝对长度与正常细胞全部染色体总长度的比值，通常用百分比表示。相对长度不会因分裂期和处理方法的不同而产生差异，因此是可靠的，所以，染色体的长度常常以相对长度表示。

b. 着丝粒的位置：一般来说，每条染色体着丝粒的位置是恒定的。染色体的两臂常在着丝粒处呈不同程度的弯曲。着丝粒位置的测定常用埃文斯（1961）提出的方法，即以染色体的长臂（L）和短臂（S）的比值来确定（表1-1）。

表1-1 不同着丝粒的臂比和表示符号

着丝粒位置	臂比（长臂/短臂）	表示符号
正中着丝粒	1	M
中部着丝粒	1～1.7	m
近中着丝粒	1.7～3.0	sm
近端着丝粒	3.0～7.0	st
端部着丝粒	7.0以上	t

3．核型表示法

核型K：染色体长度可分为长（L）、中（M）和短（S）三类。若不能明显分为三类，可以按长短顺序依次用A、B、C、D、E等表示。着丝点（kinetochore）的位置以M、m、sm、st、t表示。随体（satellite）以Sat表示。异染色质（heterochromatin）以H表示。次缢痕（secondary constriction）以Sc表示。易位（translocation）以Vt表示。[3, 4]

三、实验材料及用具

显微镜、测微尺、解剖器、培养皿、恒温水浴锅、温度计、烧杯、量筒、染色缸、洋葱、蚕豆或小麦种子。

四、实验方法及步骤

1．材料的准备和取材

将豌豆或小麦的种子放在烧杯内，加入适量清水，置于室温下过夜，使种子充分吸水膨胀（蚕豆种子大，浸泡时间可长些，具体时间视种子吸水情况而定）。[5] 将吸水膨胀的种子捞出后，用蒸馏水清洗干净，然后在垫有湿纱布的培养皿或搪瓷盘内进行萌发（萌发时保持纱布湿润），萌发的适宜环境温度为 26℃。在根尖生长到 1～2cm 时取材比较合适，若根尖长得太长，则生长势减弱，分裂象就较少。较大的种子如蚕豆用侧根较好，而且还可以节省大量种子。若取用栽培植物的根尖，则应取新发的幼根并将根上的泥土充分洗净。

洋葱根尖的培养较为简单，把洋葱上的老根用解剖刀削净，然后在搪瓷盘上放一筛网或用线绳在盘上拉几道网，在搪瓷盘内放入适量清水，将处理后的洋葱球茎放在网上使之刚好接触到水面。也可将洋葱直接放在装满水的烧杯上（图 1-1），使洋葱球茎接触到水面。在 26℃下培养，当根生长到 1～2cm 时取材。

图 1-1 洋葱根尖的培养

2．预处理

如果我们实验的目的仅仅是观察有丝分裂过程则无须进行预处理，我们可以对有丝分裂的各个时期进行观察。但是在进行核型分析时，我们需要对染色体进行计数，同时还要对染色体的形态作出较为详细的描述，这样就必须进行预处理。因为只有处在细胞分裂中期的染色体最易观察，但细胞分裂中期持续的时间很短，一般只有 10～30min。在正常情况下固定的材料中，中期分裂象较少，而且即便是处在分裂中期的细胞，由于染色体紧密排列在赤道面上，因此在制片过程中很难分散开来，这样也就不能准确地进行染色体的计数和形态观察。为了克服这一困难，一般采用化学或物理的方法对材料进行预处理。预处理阻碍细胞分裂中纺锤体的形成，但并不影响分裂前期细胞的正常分裂，因此使得细胞分裂停止于中期，这样我们便可以获得较多的中期分裂象。同时预处理还可使染色体收缩变短，因此在制片过程中更易分散。

（1）预处理药物：可作预处理的化学药物有生物碱、酚类等，现将最为常用的几种药物介绍如下：

a. 秋水仙素（colchicine）：是从百合科植物秋水仙的种子和鳞茎中提取到的一种生物碱。它的分子式为 $C_{22}H_{25}NO_6$。纯的秋水仙素为针状结晶，一般商品为淡黄色粉末。熔点为 155℃，味苦。易溶于冷水、酒精、氯仿和甲醛，但在热水中溶解度较低，不易溶于苯和乙醚。

秋水仙素毒性极强，可以导致眼睛暂时失明，使中枢神经系统麻痹，呼吸困难，在使用过程中要特别注意安全，同时要做好药品的管理工作。

一般认为秋水仙素对纺锤丝有麻痹和毒害作用，也有人认为秋水仙素通过抑制 ATP 的机制从而破坏纺锤丝的形成及活动。秋水仙素水溶液的浓度与其作用效果成正比例关系，浓度越高，作用越强。各种植物对药物反应的域值不同，因此预处理时所用秋水仙素溶液的浓度范围为 0.01%～1%，常用的浓度为 0.05%～0.2%。

b. 对二氯苯（*p*-dichlorobenzene）：其分子式为 $C_6H_4Cl_2$，无色晶体，具有特殊的臭味，常温下可升华。易溶于乙醇、乙醚、苯等有机溶剂，难溶于水，易燃而且有毒。由于对二氯苯难溶于水，所以一般用它的饱和水溶液，处理植物时只考虑处理时间的长短。它的作用效果与秋水仙素相似，但价格却低得多，便于广泛使用。

c. 8-羟基喹啉（8-hydroxyquinolin）：为白色晶体或粉末，溶于酒精而难溶于水，相对分子质量为145.17。8-羟基喹啉的作用机制，一般认为它首先引起细胞质黏度的改变，结果导致纺锤体的活动受阻。实验证明，8-羟基喹啉适用于那些具有较大染色体的植物，所用浓度范围是0.002～0.004mol/L之间。它的优点是经它处理后，染色体的缢痕区比较清晰。

d. α-溴萘：是一种无色或淡黄色的液体。易溶于乙醇和苯，微溶于水。在使用时，可以将一滴α-溴萘加入到100ml蒸馏水中配成饱和水溶液使用。但注意随配随用，新配制的药液效果较好。实验表明，α-溴萘特别适合于禾本科和水生植物的预处理，如将小麦的非离体根浸入到α-溴萘的饱和水溶液中培养12h，可以得到大量的分裂中期的染色体。

（2）处理方法

a. 离体处理：将植物的根或茎等组织从植株上切下来，然后直接放到预处理液中进行处理，这种方法简便易行。

b. 非离体处理：将植物的种子萌发后，把带根的种子一起放到预处理液中进行处理。也可将植物的幼小植株放在预处理液中进行培养从而达到预处理的目的。

（3）处理时间

处理时间的长短主要取决于如下因素：

a. 根据植物染色体的大小：若植物的染色体较大，处理的时间就长一些；相反，染色体小的材料，处理时间应短一些。

b. 根据植物材料的大小：若植物材料较大，处理时间可长些；若材料较小，处理时间可缩短。

c. 根据处理方法的不同：离体处理时间应短，非离体处理时间可长。

d. 根据植物的耐药性的不同：不同植物对药物的反应是有差异的。如用对二氯苯处理植物时，高粱、棉花、白菜等植物的耐药性差，宜作短时处理，一般以1～2h为宜。时间过长将产生染色体粘连、聚缩等毒害反应。但马铃薯、玉米和水稻的耐药性就强些，可处理3～4h。

e. 根据处理液的浓度：高浓度时应处理时间短些，低浓度可长些。

f. 根据处理温度：高温时处理时间应短，低温时处理时间可长些。由于预处理药物在不同程度上对植物具有毒害作用，而且这种毒害作用随着温度的升高而增大，因此在预处理时一般以低温长时间处理为宜，温度范围控制在10～20℃以内。

（4）低温预处理法

低温处理也可以引起染色体的缩短并可获得较多的中期分裂象，而且此法无须使用任何药物，安全性高。但不同的植物所需的预处理温度是有差异的，例如小麦的处理温度为1～5℃，水稻和玉米则需6～8℃，处理时间一般在20～40h。这种处理方法简单，但需要较长的处理时间，因此没有用化学药品处理法应用的广泛。

3. 固定

固定的目的是用各种渗透力强的固定液将植物的组织、细胞迅速杀死，使蛋白质沉淀，并尽量使其保持原有状态。将生活的细胞固定以后，将有利于后续的解离、染色等工作。

（1）固定液：比较常用、有效的固定液是Carnoy固定液，它是Carnoy 1886年发明的。

Carnoy Ⅰ（体积比）：冰醋酸 1份，100%乙醇 3份。

Carnoy Ⅱ（体积比）：冰醋酸 1份，氯 仿 3份，100%乙醇 6份。

第Ⅰ配方应用最为广泛，第Ⅱ配方常应用于某些含油脂类物质较多的材料以及某些需要更加硬化的组织的固定。

（2）固定时间：一般固定时间为24h，然后将固定好的材料转入到70%的乙醇中进行保存，长时间保存可放在冰箱储藏室内。

4．解离

植物的分生组织（如根尖、茎尖等）需要经过处理，以便除去细胞之间的果胶层并使细胞壁软化，经解离后的植物组织才能使压片步骤顺利进行。解离常用酸解法和酶解法。

a. 酸解法：固定后的材料用清水洗涤后，放入1mol/L HCl中在60℃下恒温处理5～20min，如洋葱根尖处理10min即可。在酸解过程中一定要掌握好温度和时间，若解离不够，则压片不易分散。若解离时间过长，在下一步处理时由于材料过软而易将根尖丢失。

b. 酶解法：用1%～2%的果胶酶，或与1%～5%的纤维素酶混合使用均可将植物组织解离，但在常规压片中很少使用。

5．染色

（1）常用染料及其配制

a. 洋红（carmine）：是从雌性胭脂虫中直接提取到的一种染料，是非结晶性的紫褐色物质。洋红中具有染色活性的是洋红酸，但如果只用纯的洋红酸染色，效果则不如洋红。洋红的分子式为$C_{22}H_2O_{13}$，相对分子质量为492.38。

在压片技术中比较常用的配方有：

铁-醋酸洋红：用100ml 45%的醋酸水溶液放在较大的锥形瓶内煮沸，然后将锥形瓶移开火源，将1g洋红粉末缓缓加入，这时要特别注意防止沸溅。在洋红粉末全部投入后，继续煮1～2min即可。此时将一生锈的小铁钉悬在染液中，过1min后取出，使染色液略具铁质。

醋酸-盐酸洋红：这是一种改良的方法，用9份1%的醋酸洋红1份1mol/L盐酸混合，适用于芽类染色体压片。

b. 碱性品红（basic fuchsin）：是三苯甲烷的一种碱性染料，商品碱性品红是由三种染料混合而成，即*p*-氯化蔷薇苯胺、碱性品红和新品红。碱性品红染料有两个重要配方，一是石炭酸品红，另一个是Schiff试剂。

石炭酸品红（carbol fuchsin）：

原液A：取3g碱性品红溶于100ml 70%的乙醇中，此液可长期保存。

原液B：取10ml原液A加入90ml 5%的石炭酸水溶液，此液在两周内使用。

染色液：取45ml原液B加入6ml冰醋酸和6ml 37%的甲醛。此染液适合植物原生质培养中的细胞核染色，由于含有较多的甲醛，可以使原生质硬化而保持其固有的形态。但由于其不能使组织软化，因此不适于一般植物材料的染色。为了克服这一缺点，可使用改良的配方：

改良石炭酸品红染液：取上述染色液2～10ml加入90～98ml的45%的醋酸和1.8g山梨醇即可。此染液放置两周后使用，染色能力显著加强。在室温下存放，两年内可保持染色液稳定。实践证明这是一种优良的核染色剂，用它染色只有细胞核及染色体被染上紫红色而细胞质不着色。

Schiff 试剂：这是孚尔根反应（Feulgen reaction）的染色剂。它的基本原理是细胞经过温和的酸水解作用，使 DNA 上的嘌呤一脱氧核糖的糖苷键上的嘌呤除去，从而使脱氧核糖的醛基游离，这些游离的醛基再与 Schiff 试剂反应形成紫红色的加成复合物。

Schiff 试剂的配制方法：将 0.5g 的碱性品红溶于 100ml 煮沸的蒸馏水中，充分搅拌使之全部溶解。冷却到 58℃后，将其过滤到一棕色瓶中，待滤液冷却到 26℃再加入 10ml 1mol/L 盐酸和 0.5g 无水亚硫酸氢钠，振荡使其溶解，然后将瓶口密封，置于黑暗和低温处 12～24h 后进行检查，若染色液透明或呈淡茶色者可以使用。若有不同程度的红色，可加入 0.5g 优质活性炭，不断摇动染色瓶，在 4℃下静置过夜，过滤后可使用。

c. 苏木精（haematoxylin）：是一种从墨西哥的豆科植物洋苏木的心材中提取到的天然染料。其分子式为 $C_{16}H_{14}O_6$，相对分子质量是 300.256。

苏木精本身对植物组织和细胞的亲和力不强，因此不能直接用作染色。它必须依靠媒染剂的作用才能对细胞染色，最常用的媒染剂是硫酸铁铵和硫酸铝铵等盐类。苏木精染色的最大特点是适用范围广，几乎所有植物都可用它染色，着色力强，颜色的保存性好。

配制方法：铁矾 - 苏木精。

媒染剂：一般用 4% 的铁矾（硫酸铁铵）水溶液。所用的铁矾应选用淡紫色而透明的结晶，如为白色或黄色粉末则不能用。此外，铁矾水溶液的保存性差，在冰箱中保存一般也只能保存两个月左右，最好使用新配制的溶液。

染色剂：一般用 0.5% 的苏木精水溶液。配制时按每 0.5g 苏木精加入 10ml 酒精助溶，待完全溶解后，再加入蒸馏水至需要量。用纱布包扎瓶口，使瓶内外空气能流通，使其慢慢氧化，在室温条件下，要经过 15～30 天的成熟过程，经过滤后方可使用。为加速成熟过程，可采用如下方法：在 100ml 新配制的苏木精染色液中加入 3～5ml 过氧化氢，或在配制染色液时改用煮沸的蒸馏水配制，这样可使染色液在配制完后即可投入使用。

（2）染色操作：一般情况下，经过固定的材料马上进行染色效果较好，染色清晰而且染色体易分散。经 70% 的酒精长期保存后，细胞质也容易着色，并且染色体有不同程度的粘结，所以分散性差。

a. 醋酸洋红和石炭酸品红的染色：这两种染色的方法基本相同而且简单。固定后的材料经解离后用蒸馏水过洗后，将材料转置载玻片上，用刀片将根冠和伸长区切除，只留分生区部分。然后加一滴染液，染色 5～10min 即可。注意用醋酸洋红染色时，可盖上盖玻片，然后在酒精灯上稍加热，但注意不能煮沸，这样做可使材料更易软化和着色，并破坏部分细胞质，使染色背景清晰。用石炭酸品红染色时一定要把握好盐酸解离的时间，解离时间过长或过短都不利于染色，一般为 6min。染色结束后进行常规压片。

b. Schiff 试剂染色（Feulgen reaction）：固定好的材料用蒸馏水反复洗几遍，然后将材料放入已预热至 60℃的 1mol/L HCl 中保温 10min 左右，然后用冷 1mol/L HCl 洗一次，最后把材料转入 Schiff 试剂中，在 10℃黑暗条件下染色 1～5h。染色结束后将材料转到蒸馏水中或 45℃的醋酸中。

c. 铁矾 - 苏木精染色：这种染色方法可适用于大多数植物材料，对染色体可染上很深的颜色，分色清晰。对于染色体多而不易分散的材料，用这种染色法能够取得满意的效果。

方法：将固定好的材料用蒸馏水洗净，转入到 4% 的铁矾水溶液中，在 30℃下保温 2h，然后换蒸馏水洗 4～5 次，每次 5min，将铁矾充分洗净，最后用 0.5% 的苏木精水溶液染色 2～4h 或更长的时间。如果在染色时发现染色液浑浊，则说明铁矾没有洗净，需重新换水洗涤后再进行染色。染色结束后。用水将材料洗 5～10min，再用 45% 的醋酸分色并软化至合适，然后进行压片。

操作要点：媒染一定要充分，最好使用新配制的媒染溶液。媒染后的水洗要充分，水洗不足时将影响染色效果，并会在组织内外产生大量沉淀，由此制成的片子很污浊。分色和软化是此法的关键步骤，因为用此法染色不仅染色体被染成深黑色，细胞质和细胞壁也有不同程度的着色，这需要在 45% 的醋酸中进行分色和软化，使得染色体呈现黑色而其他部位的颜色大都退掉，这一分色时间的长短在不同材料中是有差异的，从几分钟到几小时，在实验中要不断镜检来做出判断。

6．压片操作

将染色后的材料盖上盖玻片放在平整的桌面上，在盖片上盖上两层吸水纸，用左手手指压紧，防止盖片滑动，然后用右手持解剖针，用针柄轻敲盖片，方可使材料均匀分散开，导致细胞分离压平。也可用右手的拇指轻压盖片，使得材料分散。具体使用哪一种方法，压片时使用多大力量，需要在实验中摸索和掌握。我们推荐一种方法供大家参考：用一个双面刀片，插到盖片与载片之间的一角，然后用解剖针柄轻敲盖片，这样细胞很容易散开，然后将刀片撤出，再用针柄重敲盖片即可。

7．镜检

一般来说，在制成的染色体玻片标本中，染色清晰而且分散良好的中期分裂象总是少数，所以，在压片之后需要认真地进行镜检。镜检时先用低倍镜进行观察，找到一个好的视野后再转用高倍镜观察。合格的制片，可用防水墨水在盖片和载片的交界处画线作记号，作为制作永久制片时封片的标记。

一张优良的细胞染色体制片至少应符合以下条件：

（1）在一张制片中应有较多的中期分裂象。

（2）染色体分散而不重叠。

（3）染色体不扭曲、断裂，主缢痕、随体等清晰。

（4）制片基本上为一层平展的细胞，观察时看到视野内的细胞都处在一个平面上。

（5）染色体着色较深而细胞质不着色或着色很浅，背景清晰无过多杂质。

8．永久制片法

经过镜检确认是较好的制片可以制成永久玻片标本。制作的方法很多，下面列举几种主要的方法：

（1）冷冻脱片封片法：制成的临时玻片可以直接放到液氮或冰冻制冷器中进行冷冻，然后用刀片插入盖片和载片之间的一角，轻轻将盖片揭开，将载片和盖片同时放入 37℃的温箱中烘干。取出后在二甲苯中浸泡 10～20min，最后用中性树胶封片即可。此法的特点是简便易行，特别适合某些材料容易脱落的制片。

（2）酒精—叔丁醇脱水封片法：预先备好 4 套培养皿，每一培养皿内放一短粗的玻璃棒，然后按 1、2、3、4 顺序分别加入以下试剂：

1 号：1/2 95% 的乙醇和 1/2 45% 的醋酸；

2 号：95% 的乙醇；

3号：1/2 95%的乙醇和1/2叔丁醇；

4号：叔丁醇。

在操作时，将临时玻片标本的盖片朝下，浸入1号培养皿内并使载玻片一端置于玻璃棒上，玻璃棒斜放在培养皿上，让盖片自行滑落。然后按照顺序将盖片和载玻片依次脱水（从1号到4号），每次操作5～10min。脱水完毕后将其置于滤纸上以吸除多余的叔丁醇，最后用尤派胶或溶于叔丁醇的其他树胶封片。

（3）醋酸—正丁醇和二甲苯封片法：用冷冻法揭片后，按以下顺序进行脱水（按体积比）：

1号：正丁醇1份，冰醋酸1份，半分钟；

2号：正丁醇2份，冰醋酸1份，半分钟；

3号：正丁醇9份，冰醋酸1份，半分钟；

4号：正丁醇，半分钟；

5号：正丁醇，半分钟；

6号：二甲苯，几秒。

最后用加拿大树胶或中性胶封片。

9．核型分析

（1）选取10个中期分裂象较好的细胞，进行显微照相，取清晰的底片进行放大，洗出照片。

（2）在显微镜下用测微尺测量每条染色体的绝对长度，用尺子在照片上测量计算出每条染色体的相对长度和臂比。

（3）根据测量结果比较染色体的相对长度、臂比、副缢痕的有无和位置、随体的有无、形态和大小，进行同源染色体的配对。

（4）染色体的排列通常是从大到小、按长度顺序编号。等长的染色体以短臂长的在前；有特殊标记的，如具随体的染色体多排列在最后，性染色体应单独列出。按照前面列出的标准对染色体进行分类。染色体的编号有多种方法，如人类染色体核型是按分组编号，但是部分染色体的长度差异不大，因此严格分组很难进行，所以一般不采用这种方法，只有那些可以将染色体明显分为不同长度类群的植物类型才使用分组编号，如芦荟、水仙等。异源多倍体植物则按照染色体组的亲缘关系进行分组排列，如普通小麦等（彩图1-2）。

（5）将配对排列好的染色体贴在白板纸上，进行翻拍并绘出染色体核型的模式图。

也可采用数码照相机，将中期染色体照相后存储到计算机内，采用商业化的核型分析软件进行分析。

若考虑到经费问题，也可将存储到计算机内的染色体图像，以Photoshop软件进行剪裁处理，配对归类。[6]

10．有丝分裂过程观察（洋葱根尖）（彩图1-3）

（1）间期（interphase）：细胞核着色均匀，看不到染色体。间期又可以分为G_1期（gap1）、S期（synthesis）和G_2期（gap2）。G_1期从上次细胞分裂结束到下次染色体复制开始这段时间，此期内主要进行细胞生长和制造一些细胞功能物质。G_1期的时间长短变化很大。如胚胎期细胞G_1期只有几小时，而成熟的脑细胞在此期处于停滞状态（G_0），一般不再进行分裂。S期细胞进行DNA复制，经过S期，染色体DNA含量加倍。G_2期是从染色体DNA复制结束到细胞开始进行分裂。因此间期是细胞为分裂而进行物质和能量的准备期，表面上看似乎细胞处在静止状态，实际上进行活跃的 DNA 复制和蛋白质合成活动。

（2）前期（prophase）：染色质经螺旋化逐步折叠浓缩成染色体，因此在光学显微镜下可以看到。由于经过了染色体复制，因此在前期的较晚阶段每条染色体包含了两条染色单体的结构，共同连接在同一着丝粒处。

（3）中期（metaphase）：细胞核膜和核仁的解体是进入中期的标志。中期的染色体浓缩得很短，形态特征典型。所有染色体以其着丝粒排在赤道面上，染色体两臂排在赤道面两侧。如果制备细胞染色体标本时，是从细胞极面压片而成，则可以看到中期染色体排成一个环状结构。由于中期的染色体高度浓缩，同时形态清晰，因此是进行染色体分析的最佳时期。

（4）后期（anaphase）：染色体在着丝粒处分裂，分开的染色体在纺锤丝的作用下有序地分向两极，分裂后的细胞每一极都得到原来细胞同样数目和质量的染色体。

（5）末期（telophase）：染色体到达两极后，细胞重建核仁、核膜。浓缩的染色体逐渐失去高度螺旋化状态，分散在细胞核内。

（6）胞质分裂（cytokinesis）：有丝分裂的最后阶段是进行胞质分裂。胞质分裂起始于有丝分裂后期，直到末期结束。胞质分裂使分到两极的细胞核形成两个独立的细胞，这一过程在动、植物中是有差异的。植物在胞质分裂时在赤道面形成细胞板，进而将细胞一分为二。而动物细胞的胞质分割依赖于收缩环，它将细胞分成大致相等的两部分。在胞质分裂中，细胞质中的细胞器也被分到两个子细胞中。但是在细胞分裂过程中也有一些例外的情况发生，如细胞核分裂而胞质不分裂，染色体复制但细胞核不分裂等。

五、作业及思考题

1. 固定液的作用是什么？其中各组分的作用机制分别是什么？在使用固定液时应注意什么？
2. Schiff 试剂染色的原理是什么？
3. 在你观察细胞分裂过程中，哪些分裂时期的细胞最多？
4. 根据你的实验经验，制备好一张优良的细胞分裂标本应注意哪些问题？

参考文献

[1] LELAND H, LEROY H, MICHAEL L G, et al. Genetics: from genes to genomes [M]. Boston: McGrawHill, 2000.

[2] 李懋学，张赞平. 作物染色体及其研究技术 [M]. 北京：中国农业出版社，1996.

[3] RIDER C L, MATSUDAIRE P, WILLSON L. Mitosis and meiosis (methods in cell biology) [M]. New York: Academic Press, 1998.

[4] THOMAS R M, ROBERT L H. Genetics: laboratory investigations [M]. New Jersey: Prentice Hall Upper Saddle River, 2001.

[5] 彭勇，段彬江，黄发享. 自制“浮床法”培养蚕豆根尖 [J]. 生物学通报，2012（1）：60-61.

[6] 蒋珊珊，梁英民，王作军. 利用个人电脑系统和 Photoshop 软件进行核型分析 [J]. 第四军医大学学报，2000，21（7）：860.

实验 2

减数分裂与配子形成

一、实验目的

1. 了解动、植物生殖细胞形成的一般过程以及染色体在这一过程中的动态变化，理解减数分裂的遗传学意义。

2. 掌握正确进行生殖细胞的取材和制作减数分裂玻片标本的技术。

二、实验原理

生物体中细胞的增殖可通过有丝分裂完成，分裂后子细胞的染色体数目、遗传信息与亲本完全相同，而减数分裂则是在有性生殖的生物中形成配子时进行的一种特殊细胞分裂形式。减数分裂后产生的配子的染色体数目为体细胞的一半，称作单倍体（haploid）细胞。而有性生殖中雌、雄配子的结合使得合子细胞的染色体数目与正常体细胞相同，从而保证了子代与亲代染色体数目的稳定。同时，有丝分裂中染色体极少发生变异，以保证通过有丝分裂增殖产生的体细胞保持遗传信息稳定。而在减数分裂过程中，染色体配对时非姊妹染色体可发生节段交换，使得后代表型更具多样性。

在高等植物的雄蕊和雌蕊中，花药及胚珠中的某些细胞分化为小孢子母细胞和大孢子母细胞，它们经过减数分裂分别形成 4 个小孢子和 1 个大孢子。在动物的精巢和卵巢组织中有些细胞生长、分化为精母细胞和卵母细胞，它们经过减数分裂分别形成 4 个精细胞和 1 个卵细胞。

有丝分裂可以分成间期、前期、中期、后期、末期五个时期。与有丝分裂象比，减数分裂具有较长的前期，可划分成细线期、偶线期、粗线期、双线期、终变期五个时期。在减数分裂过程中，染色质发生逐步螺旋、折叠和浓缩的复杂变化。偶线期发生的同源染色体联会，粗线期发生非姊妹染色单体节段交换，因而在粗线期可以观察到明显的交叉图像。对染色体的动态变化的观察可以帮助我们认识减数分裂过程，也可应用于诸如杂种的细胞学分析、亲缘关系鉴定等。[1, 2]

三、实验材料及用具

小麦的花药、蝗虫精巢、显微镜、解剖针、解剖剪、固定液、载玻片、盖玻片、改良苯酚品红染液、苏木精染液。

四、实验方法及步骤

1．取材及固定

对于植物材料来说，减数分裂的取材要比一般的体细胞压片的取材复杂得多。因植物的种类不同，取材的时间差异很大，没有一个共同的标准。总的来说要适时取材，根据不同植物的开花期及其生殖器官形成时的外部形态作为参考。必须根据植物的外部形态指标结合镜检做出判断。如果取材时间过早，观察不到减数分裂现象。而取材过晚则只能观察到大量成熟的花粉粒。

小麦的旗叶与下一片叶的叶耳间距为 3～5cm 时较为合适，在不同的品系间差异在 1cm 左右。每一麦穗上的各个小穗的发育也有规律，一般以中部偏上的小穗最先发育，依次向上或向下推移；在每个小穗中小花的发育顺序是由基部向顶推移。若从花药的长度来判断，以 1.5～2mm 为宜。此时，花药的颜色为黄绿色，如为绿色则过早，黄色已经过时。将合适的材料取下，在 Carnoy 固定液中固定 24h，然后转入到 70% 的酒精中保存（彩图 2-1、彩图 2-2）。

对于动物来说，在其精巢内的精母细胞在不断进行减数分裂，因此取材比较容易。捕捉雄性蝗虫，直接投入到 Carnoy 固定液中固定 24h，然后转到 70% 的酒精中保存。雌、雄蝗虫容易辨别：雄性蝗虫个体较小，雌性蝗虫较大。同时由于雌性蝗虫的尾部有产卵瓣，所以从外观上易于区别。在解剖蝗虫时，先将翅膀剪去，在翅基部的后方，相当于腹部背侧的前端，用解剖剪将其体壁剪开，即可看到在上方两侧各有一块黄色的团块这便是蝗虫的精巢（实验时注意区分精巢与其余体内脏器避免取材错误）。精巢由许多排列在一起的精小管组成。

2．染色及压片[3]

（1）小麦花药（苏木精染色法）

a. 先将小麦的花药从 70% 的酒精中取出，用蒸馏水洗涤干净。

b. 用 4% 的铁矾水溶液在 30℃下媒染 2h。

c. 媒染结束后换蒸馏水清洗 4～5 次，每次洗 5min。

d. 用 0.5% 的苏木精水溶液在 30℃下染色 4h。

e. 染色结束，用清水洗涤 5～10min。

f. 用 45% 的醋酸分色和软化 15min。

g. 用镊子轻轻将花药分散开。

h. 滴加一滴 45%（体积分数）的醋酸，盖上盖玻片。在载片和盖片之间的一角插入一个双面刀片，然后用解剖针柄轻敲盖片，可以看到花药组织分散开。这时撤去刀片，用解剖针柄用力敲击盖片即可。

i. 镜检，先用低倍镜找到具有减数分裂的视野，然后转用高倍镜进行观察。

对于植物材料来说减数第一次和第二次分裂非常容易区别，因为经减数第一次分裂形成的两个子细胞仍在一起（二分体），第二次分裂在二分体中进行，经减数第二次分裂形成四分体。

（2）蝗虫精巢（改良苯酚品红染色）

a. 解剖蝗虫将精巢取出后置于一洁净的培养皿内，用蒸馏水洗涤干净。用解剖针将精巢轻轻分离开，即可看到大量的精细小管。

b. 取1～2根精小管放在干净的载玻片上，用吸水纸将上面的水吸净。

c. 在精小管位置上滴加一滴改良苯酚品红染液，在室温下染色10～15min。

d. 盖上盖玻片，在盖玻片上垫1～2层吸水纸，用一只手稳住载玻片和盖片以防止滑动，另一只手用一解剖针的针柄敲击盖片。

3．镜检

先用低倍镜观察，找到一个好的分裂象时再转用高倍镜观察。要求能够将减数分裂的各个时期分辨清楚，特别是对前期的各时期能够独立辨认。

减数第一次分裂分为前期Ⅰ、中期Ⅰ、后期Ⅰ和末期Ⅰ。

前期Ⅰ：减数分裂的前期Ⅰ时间很长，经此期染色体逐步折叠、浓缩。同时出现非姊妹染色体的节段交换现象。人们根据细胞核及染色体的形态变化将前期Ⅰ划分为五个时期。即细线期（leptotene）、偶线期（zygotene）、粗线期（pachytene）、双线期（diplotene）和终变期（diakinesis）（彩图2-3）。在细线期染色质浓缩、凝聚成染色丝，DNA虽然已经复制但是普通光学显微镜下并看不出双线结构。此时也分不清楚染色体数目，由于染色体盘绕扭曲而分不清头尾。偶线期进行同源染色体的配对，即联会（synapsis）。配对后的同源染色体形成二价体，但是尽管此时染色体比细线期清楚，但染色体仍很细长，所以不能辨清染色体数目。粗线期的染色体明显缩短变粗，由于有非姊妹染色体的节段交换发生，所以可以看到交叉。此时已经能够辨别染色体的头尾，因而可以进行染色体记数。双线期的染色体进一步缩短，交叉点开始向染色体两端移动。因此形成了不同形状的交叉图像。终变期的染色体浓缩的最短，从显微镜下看到许多染色体的团块，核仁、核膜消失。此时进行染色体记数十分方便。

中期Ⅰ：配对的染色体排列在赤道面上，同源染色体的着丝粒与细胞两端的纺锤丝相连。如果制备的细胞是从极面压成的标本，则可看到同源染色体排列成环形。

后期Ⅰ：同源染色体在纺锤丝的牵引作用下，分别向细胞两极移动。由于雄性蝗虫的染色体数为23（XO型性别决定），因此可以看到一条不配对的性染色体在分裂过程中的滞后现象。

末期Ⅰ：染色体移到两极后聚集在一起，并逐步解旋而恢复到染色质状态。重建核仁、核膜，进行胞质分裂而形成两个较小的子细胞（次级精母细胞）。

减数第二次分裂分为前期Ⅱ、中期Ⅱ、后期Ⅱ和末期Ⅱ（彩图2-4）。由于经过了减数第一次分裂，同源染色体已经分离因而染色体数目已经减半。所以从形态上看第二次分裂的细胞体积较小，染色体只有n个。

前期Ⅱ：与末期Ⅰ紧密相连，时间短暂。在形态上与末期Ⅰ相似。

中期Ⅱ：同一着丝粒连接的染色单体排列在赤道面上，形成赤道板。

后期Ⅱ：着丝粒分裂，因此两条姊妹染色单体分离，在纺锤丝的牵引下染色单体向细胞两极移动。

末期Ⅱ：染色体到达两极后，逐步解旋形成染色质，并重核仁、核膜。此时形成的子细胞遗传物质只有亲代细胞的一半。

经减数分裂后形成的精细胞呈圆形，细胞较小，形态与间期细胞类似。经过生长、发育逐渐形成梭形的精子。

五、作业及思考题

1. 叙述有丝分裂和减数分裂的异同点。
2. 在减数分裂过程中，染色体数目的减半发生在哪个时期？
3. 比较利用植物材料和动物材料制备染色体标本过程中的区别。

参考文献

[1] THOMAS R M, ROBERT L H. Genetics: laboratory investigations [M]. New Jersey: Prentice Hall Upper saddle River, 2001.

[2] 王亚馥，戴灼华. 遗传学 [M]. 北京：高等教育出版社，1999.

[3] 蒿若超，武美燕. 一种植物染色体制片改良方法 [J]. 长江大学学报, 2011, 8 (2): 236-238.

实验 3

果蝇唾液腺染色体标本的制备和观察

一、实验目的

1. 了解多线染色体的特点。
2. 学习果蝇幼虫的解剖技术并掌握果蝇唾液腺染色体的制片方法。
3. 熟练应用显微摄影技术。

二、实验原理

多线染色体（polytene chromosomes）最初是由巴尔比尼（Balbiani）在 1881 年于双翅目昆虫 *Chironomus midges* 的幼虫唾液腺中观察到的[1]，因此也称为唾液腺染色体或巴尔比尼 Balbiani 染色体。这种特殊的染色体形态后来又在其他昆虫、原生生物甚至植物、哺乳动物中发现。在这些特殊细胞中，DNA 仅进行复制但不彼此分开，总是处在配对状态即体细胞联会（somatic synapsis），细胞也不进行分裂，经过 10～15 次复制（即 2^{10}～2^{15} 个紧凑排列 DNA）后，形成了在光学显微镜下可见的特异性明、暗条带相间的巨大染色体。除了扩充体积之外，多线染色体所在的细胞还会有代谢上的优势，例如在幼虫唾液腺中的细胞就可以极为快速地累积它们化蛹所需的胶蛋白。

根据布里奇斯（Bridges）等人的研究，已经发现至少 5149 条可以区分的带纹并已经建立了带纹分布图[2]，巨大染色体因此成了遗传学上研究染色体形态结构及染色体畸变的好材料。

三、实验用具及材料

野生型果蝇的三龄幼虫、双筒解剖镜、显微镜、解剖针、生理盐水、改良苯酚品红染液。

四、实验方法及步骤

（1）幼虫的培养：为了便于解剖镜下的操作，使用的幼虫应充分发育且个体较大。在培养果蝇时，通常采用两个措施控制幼虫的生长：①良好的培养基提供果蝇生长发育的必需营养，在培养瓶内放置的亲本不宜过多，否则将产生过多的卵而造成养分不足。②培养果蝇的环境温度应比正常培养时略低一些，一般可控制在 18～20℃范围内，低温下生长的果蝇发育时间较长，个体较大。果蝇属于完全变态的昆虫，成虫交尾后将卵产在培养基表面。在适宜的温度下，卵发育为幼虫并经过一、二龄幼虫的发育后，三龄幼虫要爬到瓶壁上化蛹，最后成熟的蛹羽化为新一代的果蝇。实验时从培养瓶的瓶壁上挑选那些发育良好的、个体较大的三龄幼虫进行实验。

（2）调试双筒解剖镜：先在载物台上放一张有字的纸作参照，用粗准焦螺旋调节到一个固定位置，以可以看到载物台纸上的字为准。在固定粗准焦螺旋后，只需轻轻转动细准焦螺旋进行微调即可。注意：不可直接用细螺旋调节很大的范围，以免引起调节螺旋的滑丝。由于果蝇的幼虫为乳白色，为了增大反差便于观察，可将载物台的黑色面朝上。在解剖果蝇幼虫时，解剖镜的放大倍数要适宜，放大倍数太大虽然可以观察幼虫的细微结构，但是视野过小，不便操作；放大倍数太小时，视野较大但是比较难找到目标结构。

（3）剖取唾液腺：用解剖针从培养瓶内挑取一只三龄幼虫置于载玻片上，并滴加一滴生理盐水。将载玻片放在载物台上，用解剖镜进行观察，首先将幼虫的头尾分清。果蝇的头部有一对黑色眼点，作伸缩状。解剖时，双手各持一个解剖针，一只解剖针先压在幼虫身体的前三分之一处，另一只针压住果蝇头部并向前轻轻移动即可将头部拉开，仔细观察可看见一对微白透明的囊状体，一般会各附着一条细长乳白色的脂肪体，透明囊状部分即为唾液腺（彩图 3-1）。在唾液腺的前端各伸出一条细管在前面汇合成一总管。如果唾液腺没有被拉出来，可用解剖针轻压虫体的断开处，把唾液腺挤压出来。

（4）去除脂肪体：果蝇的唾液腺上附有乳白色的脂肪体，如不去除，制片时会在载玻片上形成大量脂肪滴，从而影响制片的质量。在去除脂肪体时，用解剖针的针尖轻轻剥离，尽量保持唾液腺的完整。如果剥离脂肪时将唾液腺碰断，仍然可以用断开的唾液腺继续进行染色操作。

（5）染色及压片：用解剖针将载片上的杂物全部去除，只留下唾液腺。如果唾液腺周围还有许多水分，应小心用吸水纸将水分吸净，注意要在解剖镜下操作，要避免剥离好的唾液腺被纸吸走。滴加一滴改良苯酚品红染液，染色 10～15min。盖上盖玻片并覆盖一层吸水纸，左手扶住载玻片并防止载片与盖片之间的剧烈滑动，右手持解剖针，用针柄敲击盖片。用力要适中，既要将唾液腺细胞压破，使染色体伸展开，又未造成染色体的断裂为最好。

（6）镜检：先用低倍镜进行观察，找到一个好的分裂象后再转用高倍镜观察。普通果蝇有 8 条染色体，由于其处在配对状态，所以在镜下只能看到 4 条。第一对染色体（果蝇的性染色体）的一端与第二对、第三对染色体中部的着丝粒相聚集，形成一个深染中心。第四对染色体很小，有时不易观察到。

（7）显微摄影：找到视野中舒展最为充分且未出现断裂的染色体进行显微摄影（彩图 3-2）。

五、作业及思考题

1. 什么是染色中心（chromocenter）？
2. 根据你所学的知识，联会（synapsis）应出现在什么类型的细胞中？
3. 根据实验观察可以确定果蝇的染色体数目吗？为什么？
4. 利用巨大染色体可以进行哪些遗传学研究？

参考文献

［1］BALBIANI E G. Sur la structure du noyau des cellules salivaires chez les larves de *Chironomus*［J］. Zool Anz, 1881, 4: 637-641.

［2］BRIDGES C B. Salivary chromosome maps with a key to the banding of the chromosomes of *Drosophila melanogaster*［J］. J Heredity, 1935, 26: 60-64.

实验 4

果蝇生活史观察

一、实验目的

1. 了解果蝇的生活史。
2. 熟练辨认雌、雄果蝇成虫的特征。

二、实验原理

黑腹果蝇（*Drosophila melanogaster*）是双翅目果蝇科的昆虫，由于其繁殖迅速，易于饲养，拥有丰富可用来操纵基因表达的遗传学工具，使得其成为生物学，尤其是遗传学上重要的模式生物。果蝇的生活史从受精卵开始，经历幼虫、蛹，最终变为成虫，是一个完全变态过程（彩图 4-1）。果蝇的世代周期较短，在室温条件下一个世代（即从成蝇交配产卵至下一代成虫羽化成熟的时间）只需 10～12 天就可以完成，而培养条件下果蝇的平均寿命可以长达两个月。果蝇繁殖力很强，在适宜的温度和营养条件下每只受精的雌蝇一生可产卵 400 个左右。果蝇的发育对温度较为敏感，一般室温下（25℃）不到 2 周可以完成的世代在 18℃条件下会加倍，延长至 3 周以上[1]。

三、实验材料及用具

处于不同发育时期的野生型果蝇、双筒解剖镜、麻醉瓶、毛笔、乙醚、玉米粉、酵母粉、琼脂等。

表 4-1　果蝇培养基配方表（2000ml）

成分	含量
① 玉米粉	180g
② 大豆粉	20g
③ 琼脂	15g
④ 啤酒酵母	37g
⑤ 糖稀	80g
⑥ 麦芽糊精	80g
⑦ 对羟基苯甲酸甲酯溶液（防腐剂）	16ml（2.5g 对羟基甲酸甲酯固体粉末溶于 16ml 95% 的乙醇中）
加水至 2000ml	

四、实验方法及步骤

1．果蝇培养基的配制（表 4-1）

操作：（1）先将 1.5L 水烧开，然后将①玉米粉在烧杯中溶于额外 500ml 水，慢慢搅拌并混匀，再慢慢倒入（边加边搅动，防止结块）已煮沸的 1.5L 水中，混匀，煮沸后，保温并调节温度至 50℃，保持 3～4h。

（2）保温 3h 左右，进行接下来的预备工作。将称量好的②大豆粉、③琼脂、④啤酒酵母、⑥麦芽糊精混合搅匀，一块加入保温的玉米糊中，边加边搅拌至混合均匀，提高温度煮沸。

（3）煮沸后先换成小火，再加入称量好的⑤糖稀，慢加快搅，该步骤很重要，务必防止糖稀粘锅煮糊。

（4）关火，当温度降下来至60℃左右（可用冷水浴约3min的方法较快速降温），加入表4-1⑦防腐剂，搅拌均匀，用塑料烧杯分装到培养瓶内。注意在分装时不要把培养基倒在瓶壁上。塞好瓶塞，在室温下保存，待多余的水分蒸发出去且培养基冷却后放入冰箱。分装时每瓶倒入培养基高1cm左右。2L的培养基可倒100～120个培养瓶。

注意：（1）不要把培养基倒在瓶壁上，果蝇习惯将卵产在有食物的最高处，而产在挂在瓶壁的食物上的卵大部分会因为食物很少而无法完成发育。

（2）尽量不要使用刚刚做好的培养基。刚配制完的培养基瓶内湿度很大，放置一段时间后在瓶壁上会有许多水滴，果蝇会被瓶壁或食物粘住而死亡。应待水分蒸发较为充分后再使用，或急用时用棉花将瓶壁上的水分擦掉。

（3）在配制培养基的过程中，要避免培养基被煮煳（煮煳的食物会导致果蝇的大量死亡）。

2．生活史观察

（1）卵：成熟的雌蝇交尾后会将卵产在培养基的表层，从交尾至产卵一般需要2～3天的时间。观察卵时，用解剖针的针尖在培养基表面挑取一点含有卵的培养基置于载玻片上，滴一滴清水，用解剖针将培养基稀释后放在显微镜低倍镜下仔细观察。果蝇的卵为椭圆形，长约0.5mm，腹面稍扁平，前端有一对触丝，可使卵附着在培养基表层而不陷入。

（2）幼虫：果蝇的受精卵在25℃条件下经过一天的发育即可孵化为幼虫。果蝇的幼虫分为三个阶段，分别为一龄、二龄及三龄幼虫，每个阶段会持续一天左右。从一龄幼虫开始幼虫会经过两次蜕皮，形成二龄和三龄幼虫，根据体型大小就能比较容易地区分三个时期的幼虫。一龄和二龄幼虫一般都会在培养基内进食活动，而三龄幼虫就开始爬出培养基准备化蛹。幼虫一端稍尖为头部，黑点处为口器，从培养基侧面观察很容易看到上下蠕动的黑点，这也是判断培养基内是否已经有幼虫的简易办法。

（3）蛹：三龄幼虫爬壁一段时间后开始化蛹。附着在瓶壁上的蛹颜色淡黄，随着发育的进行，蛹的颜色逐渐加深，最后呈深褐色，即将羽化的蛹还可以看到一对黑点在蛹的中上部，为果蝇的翅膀。在瓶壁上看到的几乎透明的蛹是已经完成羽化而遗留的空壳。这个阶段时间较长，室温下一般需要7天左右。

（4）成虫：刚羽化出的果蝇虫体较长，翅膀没有完全展开，蜷缩为黑色，体表因为未完全几丁质化，所以呈半透明乳白色。随着发育，体表完全几丁质化，身体颜色加深，翅膀完全张开，呈透明薄膜状。在室温条件下，刚羽化出的果蝇8～12h后性成熟，才可以开始交配。

3．雌雄鉴别

（1）麻醉：麻醉果蝇可以用乙醚和二氧化碳两种方法。

乙醚麻醉：取一广口瓶，瓶口内塞有棉花。在棉花上滴加2～3滴乙醚，以稍稍闻到乙醚气味为止。反复使用时，可再滴加乙醚于棉花上。将果蝇转移到广口瓶内（磕碰果蝇可使果蝇掉落到瓶中），盖上盖子，等待果蝇麻醉。特点：麻醉较慢，恢复也较慢。

二氧化碳麻醉：使用压缩二氧化碳气瓶，引出可调节管线，将管口深入果蝇饲养瓶中可快速麻醉果蝇。如需后续挑蝇等操作，将麻醉后的果蝇放于持续通气的挑蝇板上，即可使果蝇在持续麻醉的状态下进行人工操作。特点：麻醉较快，苏醒也很快。

对果蝇实施麻醉是为了便于性状观察和转移果蝇，因此麻醉时一定要根据实验目的而确定麻醉的深度。如果只是进行观察无须后续培养，可将果蝇麻醉至死，这样易于长时间的观察。死亡时的表现为翅膀与身体呈 45° 角，腿部不再弯曲而是伸直。但如果是麻醉鉴别后再进行转移培养，就应避免麻醉死亡，当果蝇在麻醉瓶中被麻醉跌落瓶底，不再爬动时就要快速转移出果蝇，并且在鉴别时要求动作迅速，以防果蝇苏醒飞走。用二氧化碳麻醉时，要注意果蝇暴露在二氧化碳中的时间不可太长，时间过久就会致死。麻醉时，将果蝇培养瓶的瓶口与麻醉瓶瓶口对准，将果蝇转入麻醉瓶内，再将塞有沾有适量乙醚棉花的麻醉瓶瓶盖盖上，等待果蝇被麻醉。转移麻醉后的果蝇时，应小心用毛刷的尖端刷毛粘取。

（2）性别鉴定：将麻醉后的果蝇放在解剖镜下仔细观察，区别雌雄果蝇的差异（彩图 4-2）。

一般来说，成熟的雌蝇个体都比相同年龄的雄蝇稍大。两者体色较深后，腹节背侧的条纹有明显区别，雄蝇最末端的黑斑其实为三条黑色条纹相互延伸形成的。性梳和生殖器在成蝇各个阶段都可以用于分辨雌雄，也最为准确。在观察性别时可以用解剖镜观察，也可以用低倍的显微镜观察。

五、作业及思考题

1. 绘制卵及雄性果蝇性梳。
2. 用列表的方式描述果蝇变态发育的各个阶段及其时间。
3. 配制果蝇培养基时应注意什么问题？

参考文献

[1] BLOOMINGTON *DROSOPHILA* STOCK CENTER. Basic methods of culturing *Drosophila* [EB/OL]. [2007-03-30]. http://flystocks.bio.indiana.edu/Fly_Work/culturing.htm.

实验 5

性染色体：人体 X 染色体观察

一、实验目的

1. 通过实验掌握鉴定人类 X 染色体的方法，在显微镜下正确识别巴尔小体的特征及其所在的位置。

2. 了解 X 染色体失活的有关理论假说以及失活染色体上的基因所控制的遗传性状的特点。

二、实验原理

巴尔（Barr）等人在 1949 年首先发现在雌性猫的神经细胞核内有一个浓缩的深染小体，但是在雄性猫中几乎检测不到[1]。以后的研究发现，在有袋类、偶蹄类、翼手类、食肉类和灵长类动物的多种组织的细胞中都存在这种二态性（dimorphism）。在雌性个体细胞的两条 X 染色体中，有一条在细胞间期仍是处在不活动的异固缩状态，从而形成了 X 染色体，又称做巴尔小体，而另一条则保持为具有活性的 X 染色体。后来人们知道，这种情况在哺乳类动物的雌性个体都存在，即雌性哺乳类动物细胞的 X 染色体在间期内仅有一条呈松散状态，参加细胞生理活动，另一条则保持异固缩状态。失活状态的性染色体与其他异染色体（heterochromatin）一样，在 DNA 复制时总落后于其他常染色体，且大多出现在核膜边缘。在人类中，正常男性个体细胞中不会出现巴尔小体，正常女性的细胞只可能出现一个巴尔小体。细胞内一般只维持一个具有活性的 X 染色体，而将其他多余的 X 染色体均固缩形成巴尔小体，因此对于具有性染色体畸变的个体来说，巴尔小体出现的数目等于细胞内 X 染色体的数目减一。

人体不同性染色体组成的个体巴尔小体数目如表 5-1 所示。

剂量补偿效应（dosage compensation effect）：XY 型性别决定的生物，由 X 性染色体上的基因决定的性状在两性的表现几乎相同。X 染色体上的基因的表达产物在雌、雄细胞中绝大多数是等量的。这种剂量补偿效应可以通过两种途径实现：一是 X 染色体的转录速率的差异，即雌性细胞中的两条 X 染色体的转录速率低于雄性细胞中单条 X 染色体的转录速率，因而造成雌性和雄性细胞的总体表达水平接近；二是雌性细胞中有一条 X 染色体在功能上是失活的。1966 年，莱昂根据许多研究结果提出了 X 染色体失活的假说（Lyon hypothesis）[2]。

表 5-1 人体性染色体组成与巴尔小体数目

性染色体组成	表现性别	巴尔小体数目
XY	男	0
XO	女	0
XX	女	1
XXY	男	1
XXX	女	2
XXXX	女	3

其主要内容：在正常的雌性哺乳动物的体细胞中，一条 X 染色体在遗传上有活性，而另一条处于失活状态。这种失活发生在胚胎发育的早期，失活是随机的。但是一旦发生了失活，这个细胞的后代将处于失活状态。X 染色体上的杂合基因将出现嵌合（mosaic）现象。

莱昂假说虽然可以解释一些现象但不是全部，如人类中的 XO 型个体表现为特纳综合征，XXY 表现为克氏综合征。随着生物学和医学的发展，现在人们已经认识到单条 X 染色体失活现象是普遍存在的，但失活的染色体上存在失活区和非失活区。如人类中位于失活 X 染色体上的基因，葡萄糖-6 磷酸脱氢酶（G6PD）、AHF（抗溶血第Ⅷ因子）等是非失活的，而 Xg 血型基因是失活的。

利用 X 染色体的鉴别技术，可以对性染色体畸形、胎儿早期诊断等提供有益的参考。

三、实验材料及用具

显微镜、载玻片、盖玻片、牙签、吸水纸、固定液（甲醇：冰醋酸＝3：1）、盐酸、0.2% 甲苯胺蓝染色液、生理盐水、离心机、滴管等。

四、实验方法及步骤

（1）取材：先漱口三次，将口腔内杂物漱出，然后用牙签的钝面刮取口腔颊部黏膜细胞，将其蘸于 3ml 生理盐水的离心管中，轻轻摇动使细胞分散于生理盐水中。为了保证细胞数量，可多重复几次此步操作，直至看到生理盐水有浑浊现象为止。

（2）5～6 人一组（每组有 2～3 名女生）将取好细胞的离心管交给教师（此前不要做任何标记），说明哪几只是女性样本。教师将样品编号、记录，发还给各组，即本组组员只知道本组有几个为女性样本，但是不知道具体编号。各组需在后面的操作中确定几号样本是女性样本。

（3）将样品离心，收集细胞，以 1500～2000r/min 转速离心 10min。

（4）固定：离心结束后，用吸管缓慢将上清液吸去，注意吸管头不要离沉淀太近以免吸起沉淀。留下的沉淀物用 1ml 固定液固定 10min。

（5）离心：以 1500～2000r/min 转速离心 10min。

（6）制备细胞悬液：去掉上清液，根据细胞沉淀的多少适量再加入几滴固定液，用滴管吹打成细胞悬液。用吸管将细胞悬液滴在载玻片上，在空气中干燥。

（7）酸解：当载片上的固定液全部挥发后，在载片上滴加 HCl，处理 10min。然后用清水漂洗几遍，注意不要用力冲洗有细胞悬液滴加的地方，以免将细胞冲走。

（8）染色：在 2% 甲苯胺蓝染液中染色 20～30min。染色结束后，用清水漂洗以去掉浮色，在空气中自然干燥。

（9）镜检：在油镜下依次观察细胞核着色均匀、核膜完整的细胞，以小组为单位讨论样本来源为女性或男性，并向老师核对。核对完成后，选取一个来自女性的样品，观察 80～100 个细胞，计数巴尔小体阳性细胞数。

巴尔小体的辨认：首先在低倍镜下检出细胞分散且染色均匀的视野，然后转用高倍镜和油镜进行仔细观察。良好的标本应该具备以下条件：核质呈网状或细颗粒状分布，核膜清晰，染色适度，细胞周围无杂菌。巴尔小体在镜下观察呈一浓染小体，其轮廓清楚，大小为

1μm 左右，常附在核膜边缘或靠近内侧（彩图 5-1），形状有微凸形、三角形、卵形、短棒形等。若巴尔小体不在核膜的内缘，就不容易与其他染色质块相区别了，一般以在核膜内缘检测到为阳性。

五、作业及思考题

1. 绘制一张巴尔小体阳性细胞图。统计一个女性样品中，巴尔小体阳性细胞占总细胞数的比率。
2. 什么是剂量补偿效应?
3. 描绘你所观察到的巴尔小体的形态特征和在细胞中的分布状况。
4. 巴尔小体阴性细胞没有巴尔小体么?
5. 女性样品的巴尔小体阳性细胞率一般为多少？为什么不是 100%？

参考文献

[1] BARR M L, BERTRAM E G. A morphological distinction between neurones of the male and female, and the behaviour of the nucleolar satellite during accelerated nucleoprotein synthesis [J]. Nature, 1949, 163 (4148): 676-677.

[2] LYON M F. Gene action in the X-chromosome of the mouse (*Mus musculus* L.) [J]. Nature, 1961, 190 (4773): 372-373.

实验 6

小鼠骨髓细胞染色体观察

一、实验目的

1. 了解利用动物骨髓细胞进行染色体制片的一般方法，比较与其他制片方法的区别。正确掌握细胞收集、低渗、滴片等技术手段。

2. 观察和了解小鼠染色体的数目及形态特征。

二、实验原理

染色体的数目及形态特征在一个物种内是相对稳定的，染色体上的基因涵盖了决定一个物种生长发育的绝大多数信息。因此通过染色体分析，可以了解某一物种最基本的遗传指标。而制备优良的细胞学标本是进一步开展染色体分带、组型分析和原位杂交研究的前提。

染色体标本的制备一般取自细胞分裂旺盛的组织，如骨髓、淋巴细胞以及通过人工培养的细胞。动物的骨髓是重要的造血器官，它通过细胞分裂不断补充体内的需要，如将秋水仙素注射到动物的腹腔内，经肠系膜吸收并可转运到骨髓，使正在分裂的细胞不能形成纺锤体，染色体停在中期状态，经过处理和制片后就可以清楚地观察到染色体。这种制片方法虽然步骤较多，但是效果非常好，而且省去了细胞培养过程，可以获得大量分裂细胞。但是该方法属于侵害性的，因此这种方法适用于来源丰富、个体较小的动物材料。对于大型动物可以采取骨髓穿刺术获得红骨髓，而一些珍稀的鸟类可采用羽髓来制片，方法基本一样。人类的染色体分析可采用外周血培养的方法来获得大量的细胞材料。[1, 2]

三、实验材料及用具

体重 20g 的小鼠（雌雄均可）、解剖盘、解剖刀、剪、注射器、离心机、显微镜、恒温水浴锅、烧杯、低渗液（0.075mol/L KCl）、固定液（甲醇：醋酸＝3：1）、0.4% 秋水仙素溶液、改良苯酚品红染液等。

四、实验方法及步骤

（1）腹腔注射秋水仙素溶液（图 6-1）：如果处理两栖类动物如蟾蜍、青蛙等，由于其属于变温动物，在较低温度下代谢水平也降低甚至处在休眠状态，为保证得到足够数量的可用于实验的细胞，在注射秋水仙素之前应在 25℃恒温下培养几天。对于哺乳类动物则可以直接进行操作。秋水仙素的用量为 10～30μg/g 体重，同时要注意秋水仙素的用量还要根据其效价而定。若小鼠的体重为 20g，则注射 0.4% 的秋水仙素 0.1ml。秋水仙素处理的时间为 2～3h，时间也可以更长或过夜。由于秋水仙素有毒性，在操作时应该小心谨慎。

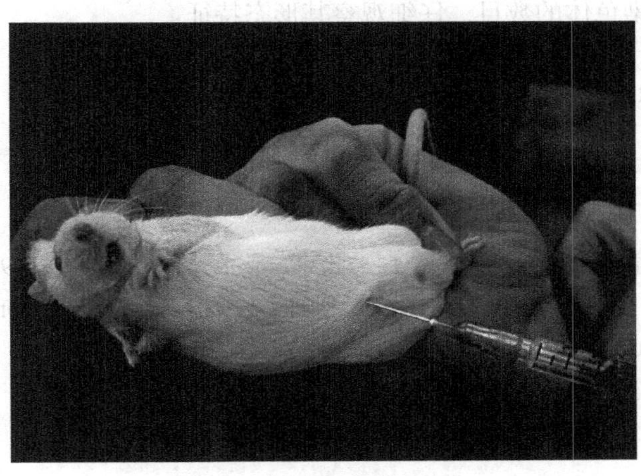

图 6-1　腹腔注射秋水仙素

（2）取材：将处理后的小鼠放到解剖盘上，用断颈法迅速将小鼠处死。解剖后将其股骨取出，用刀片将附着在股骨上的肉剥离，然后用纱布擦净。用解剖剪将股骨头两端剪开，用注射器吸取在 37℃下温浴的低渗液 1～2ml，将针头插入骨髓腔中冲洗骨髓，使冲洗液沿股骨的另一端流出。收集冲洗液到 5ml 刻度离心管内，补满低渗液，最终使冲洗液达到 4ml。

（3）低渗：用吸管将冲洗液吹打几次，然后把离心管放在 37℃的恒温水浴锅中低渗 20min。

（4）预固定：低渗结束后将离心管取出，加入 1ml 固定液，用吸管吹打均匀后放到 37℃下固定 10min。

（5）固定：以 1500～2000r/min 转速离心 10min。离心结束后，弃掉离心管中的上清液，加入固定液 5ml，用吸管吹打均匀后在 37℃下固定 10min。

（6）离心：配平离心管后，在 1500～2000r/min 转速条件下离心 10min。

（7）制备细胞悬液：离心结束后，弃去上清液。此时应小心操作，避免将沉淀悬起。最后留大约与沉淀等量的上清液，用吸管吹打成细胞悬液。

（8）滴片：从冰箱或冰盒内取出预冷的载玻片，根据细胞悬液体积的大小将 3～4 张载玻片并排摆在一起。将细胞悬液吸入吸管内，手持吸管在载玻片上方 1～1.5m 甚至可以更高处向下滴片，每张载玻片上滴 2～3 滴即可。

（9）干燥：在室温下将载玻片自然晾干。

（10）染色：将载玻片放入盛有改良苯酚品红染液的染缸内染色 10～15min，或直接将染色液滴加在载玻片上有细胞悬液痕迹的位置进行染色。

（11）去浮色：染色结束后用清水将染料轻轻冲去，然后在室温下自然晾干或用吹风机吹干。

（12）镜检：先用低倍镜找到一好的分裂象区域，然后转用高倍镜或油镜进行详细的观察并拍照（彩图 6-2）。

五、作业及思考题

1. 找到一个分裂象良好的区域，进行显微照相。
2. 统计小鼠 $2n$ 染色体的数目，仔细观察其形态特征。
3. 低渗液起到什么作用？在使用过程中应注意什么问题？
4. 为什么染色体标本的制备一般取自细胞分裂旺盛的组织？

参考文献

[1] 河北师范大学. 遗传学实验 [M]. 北京：人民教育出版社，1982.

[2] THOMAS R M, ROBERT L H. Genetics: laboratory investigations [M]. New Jersey: Prentice Hall Upper Saddle River, 2001.

实验 7

显微摄影

一、实验目的

1. 通过实验了解显微摄影的装置、成像原理，掌握显微摄影装置的安装和保养。

2. 正确使用显微摄影系统，能够独立操作，将实验中观察到的细胞学现象用照片记录下来。

二、实验原理

1590 年，荷兰眼镜制造商詹森（Janssen）父子发明了显微镜，后来又经过其他人不断地创新、发展，显微镜成了生物实验中最常用的工具之一，广泛应用于生物与医学的各个领域。

利用显微镜与照相机的结合，可以将微观生物或生物体的组织、细胞在镜下成像，进而得到放大百倍甚至千倍的照片，使人们能够更加清晰地观察和分析生物学现象。因此，在生物学研究中，显微摄影是一项十分有用的技术[1~2]。

1．显微放大原理

显微镜的原理是将两个凸透镜系统适当地组合在一起对标本进行放大（图 7-1）。

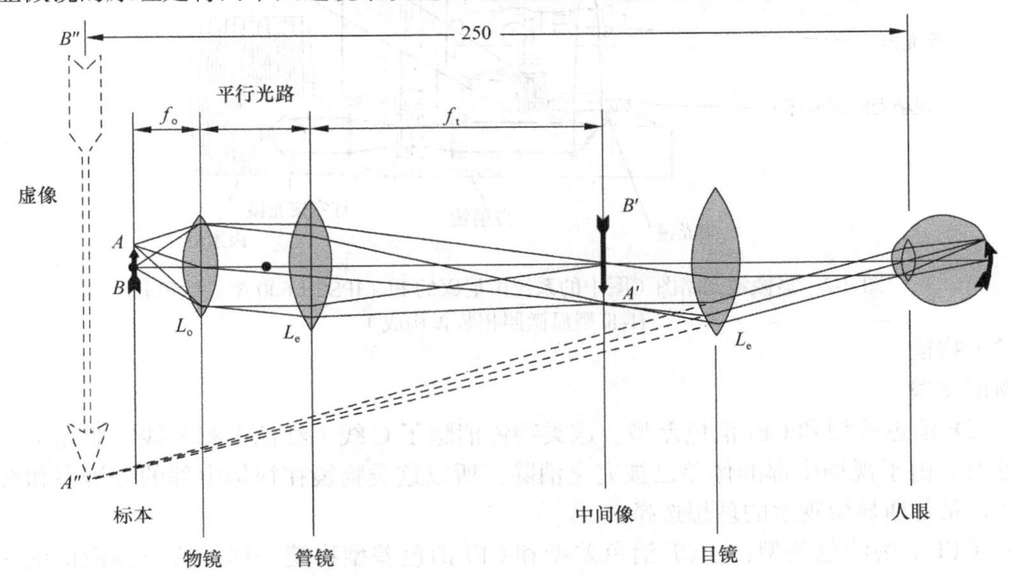

图 7-1　显微镜放大原理

靠近标本一方的凸透镜系统（L_o）称为物镜（objective len，所用放大倍数通常为4～100倍），它形成一个实像$A'B'$；靠近人眼一方的凸透镜系统（L_e）称为目镜（eye len，所用放大倍数为5～20倍），它在明视距离（对人眼来说，约为250mm）处形成一个虚像$A''B''$。

人眼通过显微镜所观察到的像就是一个被放大了的虚像$A''B''$。

2．显微镜

（1）光路图：图7-2是一幅带有显微照相装置的光学显微镜的光路图。

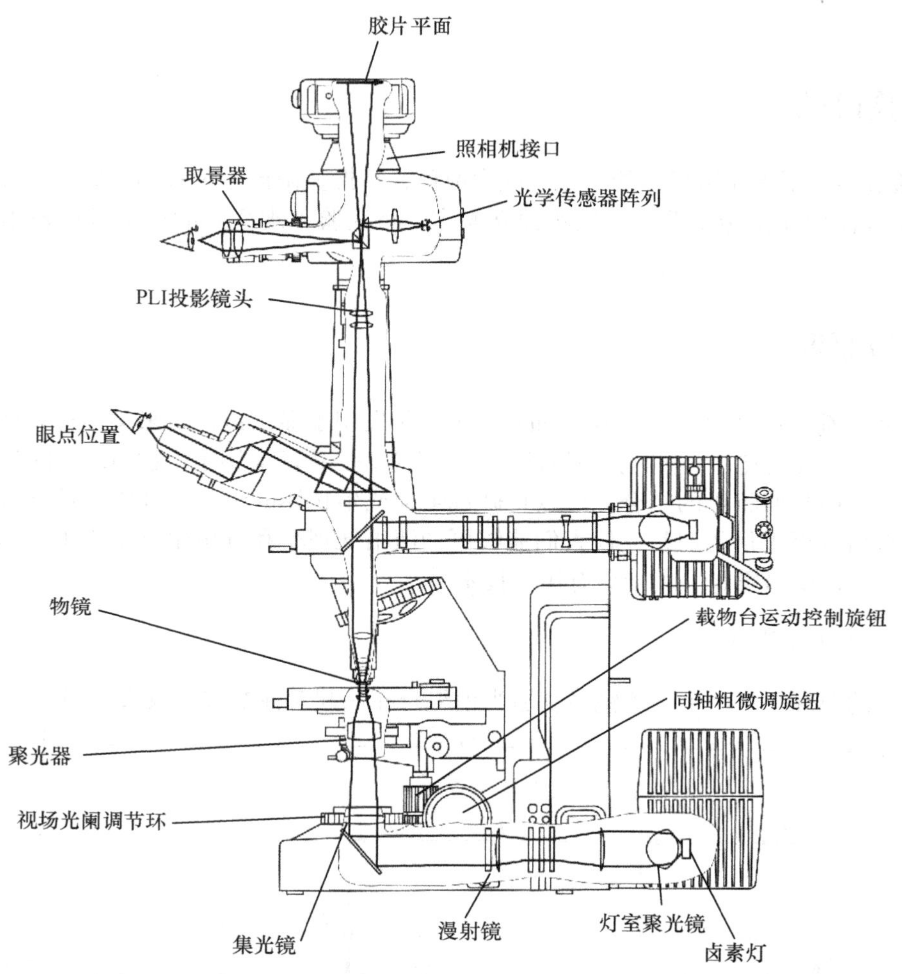

图7-2　显微镜光路图（图中的系统由尼康的ECLIPSE E600型显微镜和H-Ⅲ型显微照相装置构成）

（2）物镜

物镜类型：

a. CF消色差型和CFI消色差型：这类物镜消除了C线（红色）和F线（蓝光）之间的轴向色差。由于视场中部的像差已被完全消除，所以这类物镜在视场中部的分辨率和对比度都极佳，是普通显微观察的理想选择。

b. CFI平场消色差型：与CF消色差型和CFI消色差型物镜一样，这类物镜也消除了C线（红光）和F线（蓝光）之间的轴向色差，另外它们还完全地消除了场曲及其他像差，所以不仅在视场中部的分辨率和对比度极佳，而且即使在视场边缘其像质也非常的出色。使用该类物镜对视场中部聚焦时，超宽视场的边缘部位也同时被对好了焦距。这类物镜适于做超宽视场的观察及显微照相。

c. CFI平场复消色差型：这类物镜由萤石及特殊的低色散的玻璃材料制成，它们通过消除C线（红光）、F线（蓝光）和G线（紫光）之间的轴向色差，实现了在整个可见光域的消色差。这类物镜是最高级的物镜，它们不仅数值孔径大，而且全面地校正了由视场中央直至视场边缘的各种像差，它那优异的分辨率、出色的色彩还原效果和极好的平场性，使之成为最好的物镜，广泛地用于各种高级显微观察研究以及细微组织结构的彩色显微照相。

d. 落射荧光物镜（平场荧光型／超级荧光型）：在使用落射荧光照明观察荧光标本时，经常用到紫外光，而普通物镜却吸收紫外光并产生自发荧光，这样也容易造成镜头老化。落射荧光物镜是针对上述情况专门设计的物镜，其特点是镜头本身具有极高的紫外透过率，不产生（自发）荧光，而且不易老化。落射荧光物镜也分为干式物镜与浸油物镜两种类型。

e. 偏光物镜（P型）：偏光显微镜用来检查标本所具有的偏振性。在光学系统中，有关光学元件即使只有很小的应变，也会对偏振光产生不良的影响，并破坏像质。所以在偏光物镜的设计中，要求尽量将应变抑制到最小。微分干涉物镜的应变量也比较小，其程度介于普通物镜与偏光物镜之间。

f. 相差物镜：相差物镜被用来对那些无色的、未经染色的标本进行相差观察。在普通物镜中的镜片上蒸镀上一个相差环，就可以制得相差物镜。

显微镜物镜的质量直接影响摄影的效果，其质量的优劣与其像差的校正程度有关。

物镜上的几个主要参数（图7-3）：①数值孔径（N.A.）；②放大倍数（4×，10×，20×，100×）；③镜筒长度160mm；④盖玻片厚度（0.17mm）；⑤油浸标志HI oil oel；⑥水浸标志W。

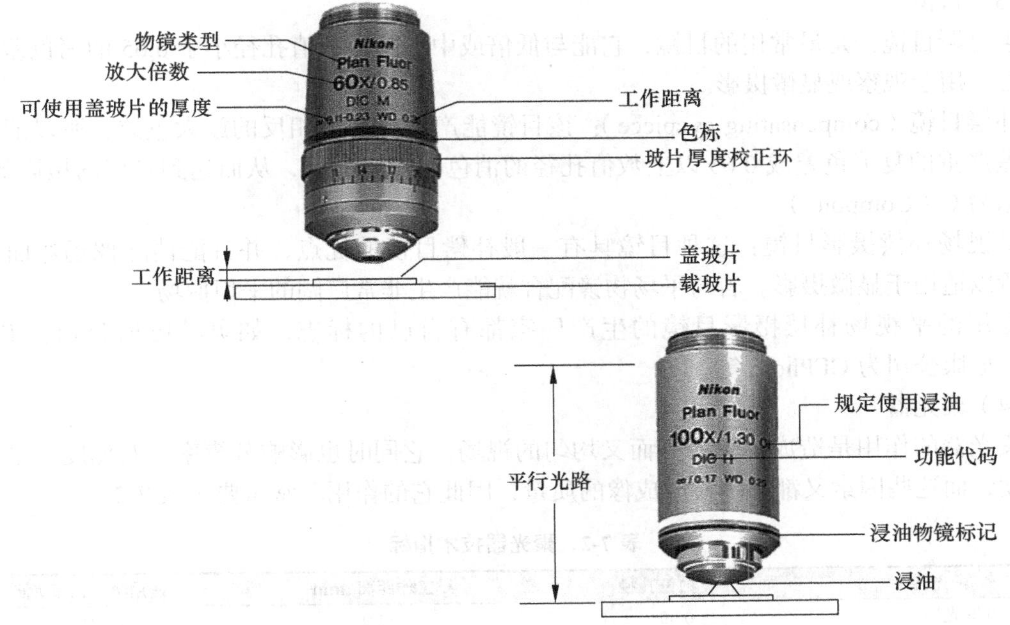

图7-3 物镜上的各种标记及其含义

A. 带有玻片厚度校正环的物镜：在使用大数值孔径（N.A.≥0.75）的物镜时，从盖玻片上表面到标本面的距离最好为0.17mm。然而，由于标本、封片剂和盖玻片等的厚度参差不齐，所以要保持0.17mm的距离是一件很难的工作。

为了充分发挥物镜的性能，尼康公司设计出这种带有玻片厚度校正环的物镜，用以校正从盖玻片上表面到标本面的距离偏差。以40倍的CFI平场复消色差物镜为例，它的校正范围（允许使用的盖玻片厚度）为0.11～0.23mm。

调整步骤：

a. 打开孔径光阑。

b. 将校正环位置设在0.17mm处（即将刻度17与刻线对齐），然后再次对标本进行对焦，并记住此时所观察到的显微图像的像质。

c. 将校正环向0.23mm方向旋转两三格，并重新进行对焦。然后将这次所观察到的显微图像与上次的进行比较，如果像质有所改善，则将校正环沿同样的方向再转动两三格。

d. 如果像质变差，则将校正环反向旋转一两格，这样直至找到最佳的位置为止。

e. 每次更换标本后，都必须执行以上步骤。

B. 不使用盖玻片的物镜：不使用盖玻片的物镜用来观察那些不带（不使用）盖玻片的标本，如血涂片等。这种物镜本身的数值孔径也比较大（N.A.≥0.4）。在这种物镜上面刻有"NCG"或"NO Cover Glass"之类的字样。如CFI Plan NCG 40×、CFI Plan Apo NCG 100×等。

表7-1列出了不同的色标与其所代表的物镜放大倍数之间的关系。

表7-1　色标与物镜放大倍数的关系

物镜放大倍数	1×	2×	4×	10×	20×	40×	50×	60×	100×
色标	黑	灰	红	黄	绿	浅蓝	浅蓝	深蓝	白

（3）目镜

惠更斯目镜：是最常用的目镜，它能与低倍或中倍的、数值孔径小于0.65的消色差物镜相配合，用于观察或显微摄影。

补偿目镜（compensating eyepiece）：该目镜能产生与物镜相反的放大色差，所以能与放大色差严重的复消色差或0.65以上数值孔径的消色差物镜配合，从而达到良好的摄影效果。其标志为C（Compons）。

平视场补偿摄影目镜：这种目镜具有一般补偿目镜的优点，并且能消除像场弯曲的缺陷，所以适用于显微摄影。若与平场物镜配合就能产生非常广阔的平坦像场。

专用的平视场补偿摄影目镜的生产厂家都有自己的标志，如奥林巴斯公司为FK和NFK，尼康公司为CFPhoto等。

（4）聚光器

聚光器的作用是造成一个明亮而又均匀的视场，它同时也影响分辨率、对比度、景深和光亮度，而这些因素又都影响显微成像的质量，因此它的作用非常重要（表7-2）。

表7-2　聚光器技术指标

聚光器	数值孔径	工作距离/mm	适用物镜倍率/倍
阿贝聚光器	0.90	1.9	4～100
旋出式聚光器	0.90/0.22	1.8	2～100
消色差聚光器	0.80	4.2	4～100
消色差/消球差聚光器	1.4	1.6	10～100

聚光镜的选用：阿贝聚光器适用于常规检验。做显微照相（尤其是彩色显微照相）最好选择旋出式聚光器、消色差聚光器或消色差、消球差聚光器，而消色差、消球差聚光器则特别适用于高倍条件下的临界观察（旨在观察那些细微的组织结构）。

（5）显微镜的几个重要参数

数值孔径：N.A.$=n\times\sin\theta$。其中 n 为介质折射率，$\theta=\alpha/2$，α 为开口角，即物镜前面的发光点进入物镜的角度。开口角示意图见图 7-4。

分辨力：是指能把两个物点分开的最小距离的能力，分辨距离越小，其分辨力就越高。公式表达为

$$d=0.61\times(\lambda/\text{N.A.}) \quad (7\text{-}1)$$

式中：d 为分辨距离，单位为 nm；λ 为使用光线的波长，单位为 nm，可见光的波长平均值为 550nm；N.A. 为物镜的数值孔径。公式（7-1）清楚地反映出分辨率与物镜的放大倍数无关，但与其数值孔径有关，而且还与使用光源的波长有关。

放大率或称放大倍数：总的放大倍数等于物镜和目镜放大倍数的乘积。

$$M=M_o\times M_e\times M_i \quad (7\text{-}2)$$

式中：M 为总放大倍数，M_o 为物镜放大倍数，M_e 为目镜放大倍数（进行显微照相时，M_e 指的投影镜头的放大倍数）。M_i 为中间放大倍数（对于普通透射照明而言，$M_i=1$）。

一般有效放大倍数的上限是物镜数值孔径 ×1000，下限是物镜数值孔径 ×250。

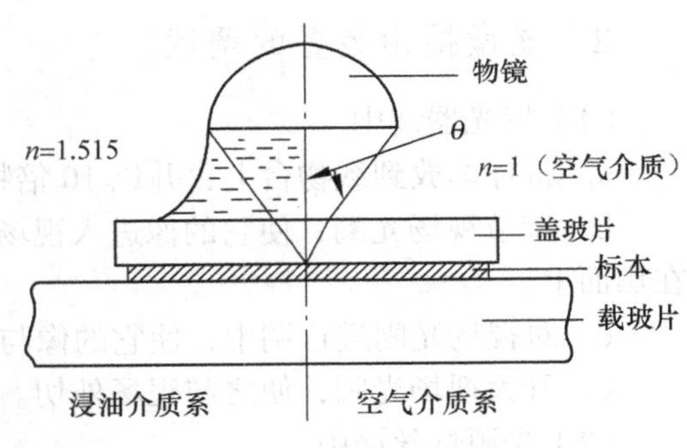

图 7-4 开口角示意图

清晰度：指显微镜生成轮廓明显的物像的能力。影响清晰度的主要因素是物镜，由于照明光的光谱成分不同会造成色差，透镜本身也会造成球面像差，放大倍数越高，像差越大，成像也就越模糊。

焦点深度（景深）：景深的计算公式如下：

$$t=(n\times\lambda)/(2\text{N.A.})^2(\mu\text{m})+n/(M\times\text{N.A.})\times 1/7(\text{mm}) \quad (7\text{-}3)$$

式中，λ 为使用光线的波长，M 为总放大倍数，N.A. 为物镜的数值孔径，n 为物镜与标本之间的介质的折射率（例如：介质为空气时，$n=1.0$）。

公式（7-3）中的第一项表示由衍射所造成的光学图像景深的物理延伸，第二项表示明视分辨距离约等于 0.15mm（即约 1/7mm）时的景深。在低倍情况下，景深的第二项将变得比第一项大，这就意味着对焦困难。

例如：

使用一个 4 倍的 CFI 消色差物镜（N.A.= 0.1）和一个 10 倍的 CFI 目镜，此时

$$t_0=0.55/(2\times0.1)^2+1000/[7\times(4\times10)\times0.1]=27.5+35.7=63.2\ (\mu\text{m})$$

由于第二项大于第一项，所以造成对焦困难。此时，若追加使用一个调焦望远镜（其放大倍数为 4 倍），则第二项变为

$$1000/[7\times(4\times10\times4)\times0.1]=8.9\ (\mu\text{m})$$

人眼的视力在景深将减小 26.8μm（35.7−8.9=26.8），对焦将变得容易进行。

因为在使用调焦望远镜时，只有取景器中央的部分区域可以被看到，所以应当首先决定

取景构图，然后再装上调焦望远镜，进行对焦。

三、实验材料及用具

显微摄影装置、同学自制的染色体玻片标本、香柏油、二甲苯、镜头纸等。

四、显微摄影的程序

1．显微摄影装置的安装

（1）显微镜安装的房间应灰尘较少，干燥，避开高温及阳光的直射，工作台平整而稳固，以防摄影时由于台面振动而影响成像效果。

（2）按照需要，将摄影目镜安装在连接筒内（4×，6.3×，16×）。

（3）将计算机和显微镜连接。

（4）将所有镜头用镜头纸擦拭干净。

2．显微摄影装置的调试

（1）聚光器调中。

a. 将标本放到载物台上，并以10倍物镜对焦。

b. 调节视场光阑，使它的像进入视场。然后，上下移动聚光器，使视场光阑清晰地成像在焦面上。

c. 对视场光阑进行调中，使它的像与视场边缘内接。

d. 开大视场光阑，使之与视场外切。

（2）光源灯丝调中。

（3）调节聚光器孔径。

以物镜上的数值孔径乘以0.7求得孔径光圈的大小，将孔径光圈的数值调至所需位置（通常建议将孔径光阑的大小控制在数值孔径的70%～80%，当孔径光阑的大小为数值孔径的70%时，分辨率下降三成，且亮度减半，但对比度提高，在高倍情况下，景深也加倍）。若聚光镜上没有相应的孔径光圈的刻度，可以用目测的方法进行调节：将目镜除去，向镜筒内看，同时将聚光器光圈由小开大，当光圈边缘与视野边缘重合时表示两种孔径相等，然后将光圈缩小至视野面积的2/3左右，当转换物镜时应重新调节。

（4）调节瞳距以及屈光度。

a. 一边观察标本一边调节瞳距，直到左右视场合二为一为止。

b. 屈光度调节：

（a）使40倍物镜进入光路，用同轴粗微调机构对标本进行对焦。

（b）使4倍物镜进入光路，使用右眼，通过右侧目镜边观察边旋转上面的屈光度调节环对标本进行对焦。

（c）使用左眼通过左侧目镜边观察边旋转上面的屈光度调节环对标本进行对焦。

（d）将步骤（a）～（c）过程重复两遍。

（5）调整被摄物的位置：先用低倍镜找到清晰的细胞图像，转换高倍镜，将所摄目标调到双十字线覆盖的区域。如需要用油镜观察，在标本观察物位置滴加香柏油之后将油镜旋至贴近油滴再进行调整观察。

（6）摄影辅助装置的调焦：显微镜调焦完毕后，在通过摄影辅助装置的目镜进行调焦直至清楚。

3．滤光片的选择

为了使标本与拍摄背景之间有较好的反差，一般选用某种滤光片。如果要使被摄物中的某种颜色显得特别明亮就选择与此颜色相同的滤光片，若使被摄物中某种眼色显得特别浓黑，就选择与此颜色相反的滤光片。拍摄黑白片时，通常使用绿色滤光片。

拍摄时可参考表7-3选择滤光片。

表 7-3　根据标本颜色选择滤光片

标本颜色	获得最大反差的滤光片
蓝	红
绿	红
棕	蓝
红	绿
黄	蓝
蓝紫	黄
橘红	蓝
黄绿	紫
青	黄

4．曝光时间

（1）自动曝光控制器：在 OLYMPUS cellSens 软件中的“曝光”中选择“自动”选项，摄影系统将根据视野中的亮度自动选择时间进行曝光。

（2）基础曝光实验：按一定的时间间隔摸索合适的曝光时间（表7-4）。

表 7-4　根据物镜、目镜倍数与视场光圈选择曝光时间

物镜倍数	目镜倍数	视场光圈	曝光时间 /s		
			薄	中	厚
10	6.3	1/2～1	1/4～1/2	1/2～1	1～2
10	16	1/2～1	1/2～1	1～2	2～3
40	6.3	1/2～1	1/2～1	1～2	2～3
40	16	1/2～1	1～2	2～4	3～6

（3）表面平均测光与点测光

正确的曝光量通常可以通过带有自动曝光功能的显微照相装置自动测得。然而根据标本的颜色以及组织的种类的不同，曝光量有时也会有一些误差。这是由于使用了平均效果的面测光，或者是因为所使用的光敏元件对红色过于敏感所致（对红光敏感度稍低的显微照相装置是使用光电倍增管作为其光量检测元件的）。

在普通明视场观察条件下，尤其是当一个标本仅有蓝色或仅有红色时，更应特别注意做好曝光补偿。考虑到标本的实际情况与显微照相装置自动测光所得的曝光结果之间可能存在有一定的误差，为保险起见，我们建议先进行试拍。在此，我们可以用自动曝光方式设定快门速度，并通过改变曝光量（如每隔2/3挡为一级做一次曝光补偿，共分正负三级做六次曝光补偿）的方式，来进行一定的试拍。

显微照相试拍（举例）：－2，－1＋（－1/3），－2/3，0，＋2/3，＋4/3，＋2（step）。

对于那些与背景相比具有强烈反差效果的小标本来说，运用1%点测光将是行之有效的方法，此时将以小标本上的某一区域作为测光目标。而对于那些明暗区域的比例约为50%的

试样，我们则推荐使用35%表面的平均测光。

5．拍摄

在显示屏中调好图像焦距后，按照选定的曝光时间（或直接选取自动挡），按下“拍照”按钮。操作时一定要避免摄影装置及工作台的震动。

本实验采用OLYMPUS DP73 CCD成像装置，用OLYMPUS cellSens软件拍摄图像，其简单操作见附录。

参考文献

［1］张鸿卿，连慕兰．细胞生物学实验方法与技术［M］．北京：北京师范大学出版社，1990.

［2］辛华．细胞生物学实验［M］．北京：科学出版社，2001.

附录

附录Ⅰ 显微镜的清洁与保管

无论是显微观察还是显微照相，检查并保持光路系统的清洁是特别重要的。在使用一台显微镜时，总是由清除它光路中的尘埃开始。

需要清除尘埃的部位如图7-5所示。

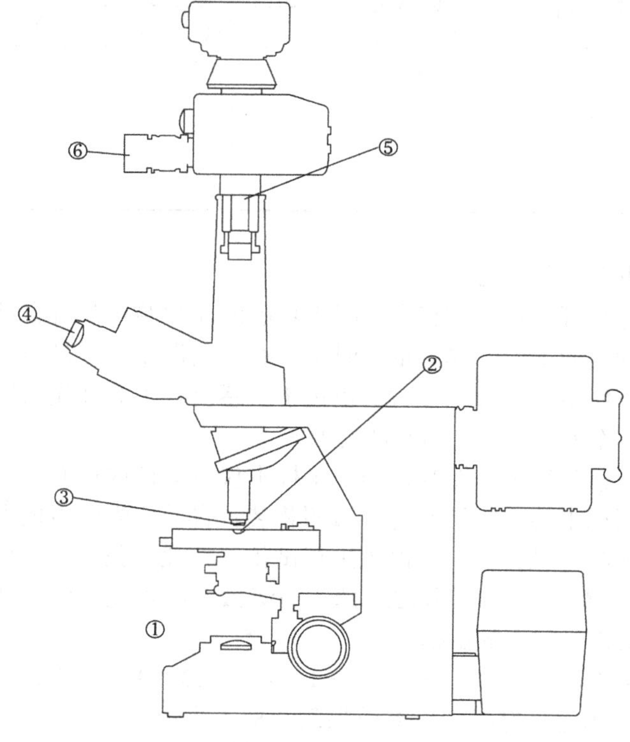

图7-5 清尘部位

建议在使用一台显微镜之前，先对图 7-5 所示的 6 个部位进行清洁，并使其成为一种操作规范（图 7-6）。

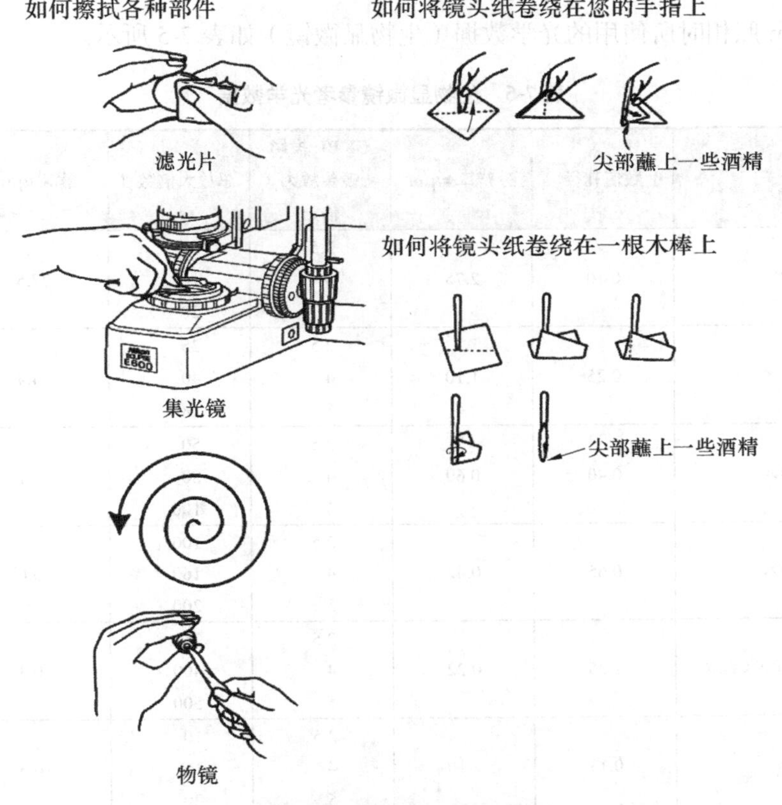

图 7-6　擦拭显微镜部件示意图

在清洁这些部位之前，请先用一个吹风球吹去附着在显微镜上的灰尘及其他异物。具体的部位是：（1）双目镜筒；（2）载物台表面；（3）机架表面。

如果擦拭时不小心，将会弄脏仪器设备。镜头的擦拭不仅要求具有相关的技能，而且还要认真仔细。

在镜头擦拭之前，先对整个仪器进行全面的初步擦拭，然后不断地重复擦拭，直到仪器完全清洁为止。

擦拭镜头与滤光片的基本操作是从中央部位开始擦起，采用螺旋方式，逐步地擦到边缘。

清洁用品及工具：

（1）纯净的乙醇，用于擦拭镜头或滤色片表面以及甘油的清除。（2）石油醚，用于擦除浸油。（3）吹风球，用于清除灰尘及异物。（4）镜头纸。（5）杉木棒或松木棒，在其尖端卷绕上镜头纸，用来擦拭物镜。

显微镜的保管：

当显微镜闲置时应妥善进行保管，可将显微镜放入一个聚乙烯袋中，并放入干燥剂，然后将袋口密封。这样做的目的，一是防止镜头表面长霉，二是防止落入灰尘和异物，三是防止生锈。

由于显微镜的光学系统和机械系统都是经过精密调整的，因此即使在保管期间，显微镜也要注意防震，以保持它固有的高性能。

附录Ⅱ　参 考 数 据

进行 35mm 照相时所使用的光学数据（生物显微镜）如表 7-5 所示。

表 7-5　生物显微镜参考光学数据

物镜		数值孔径	分辨率 ε/μm	CF PL 投影镜头放大倍数	总放大倍数 β	景深 t/μm	实际视场直径 ϕ/mm
CFI 平场消色差型	4×	0.10	2.75	2.5 4 5	10 16 20	27.5	4.3 2.7 2.2
	10×	0.25	1.10	2.5 4 5	25 40 50	4.4	1.7 1.1 0.9
	20×	0.40	0.69	2.5 4 5	50 80 100	1.7	0.87 0.54 0.43
	40×	0.65	0.42	2.5 4 5	100 160 200	0.6	0.43 0.27 0.22
	100×（油镜）	1.25	0.22	2.5 4 5	250 400 500	0.3	0.17 0.11 0.09
CFI 平场荧光型	4×	0.13	2.10	2.5 4 5	10 16 20	16.3	4.3 2.7 2.2
	10×	0.30	0.90	2.5 4 5	25 40 50	3.1	1.7 1.1 0.9
	20×	0.50	0.55	2.5 4 5	50 80 100	1.1	0.87 0.54 0.43
	40×	0.75	0.37	2.5 4 5	100 160 200	0.5	0.43 0.27 0.22
	100×（油镜）	1.30	0.21	2.5 4 5	250 400 500	0.2	0.17 0.11 0.09

景深：指装片上的成像景深。

附录Ⅲ：OLYMPUS cellSens 显微照相系统操作步骤

（1）检查计算机与显微镜的数据连接线是否正确连接。

（2）打开显微镜和计算机的电源开关（图 7-7）。

（3）用鼠标点击桌面上的“cellSens Entry”图标，将启动“OLYMPUS cellSens Entry”程序。

（4）调整显微镜，并找到所要观察的视野。拉出光源控制杆，使显微镜内的光源通入

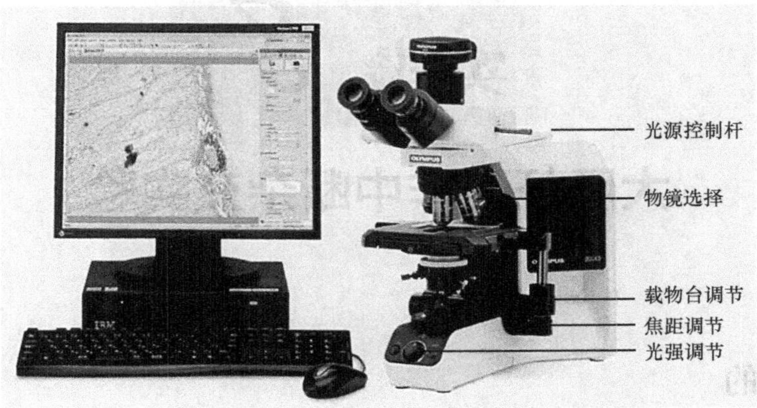

图 7-7 OLYMPOS cellSens 数字照相系统

CCD 摄像装置。

（5）在软件中单击“实时观察”按钮，在图像观察口观察你所选定的画面，调整位置和焦距。

（6）在右边摄像控制窗口中选择曝光时间，单击“自动”或者在空格中设置合适的曝光时间。

（7）单击摄像控制窗口中的第一个按钮“白平衡”，然后单击图像中的空白位置进行白平衡。

（8）调整好参数后，单击“拍照”按钮。拍摄的照片出现在新的选项卡中，选择照片，在主控面板的左上方，单击文件（file）菜单，进而选择保存（save）或打印（print）等操作。

（9）通过单击“实时观察”按钮可以回到镜下的图像，继续拍摄图片。

（10）所有操作结束后，退出操作程序，关掉电源。

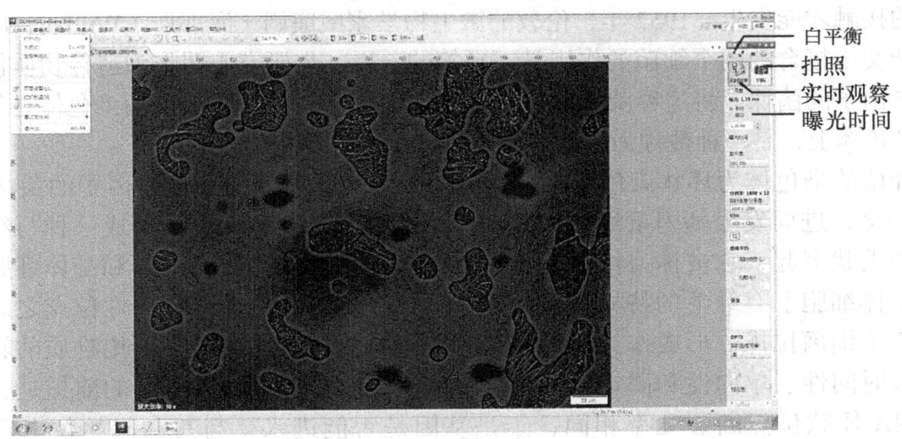

图 7-8 “OLYMPUS cellSens”操作计算机显示

实验 8

大肠杆菌非中断杂交实验

一、实验目的

1. 了解细菌杂交的原理，理解 F^+菌株、F^-菌株和 Hfr 菌株之间的关系。
2. 掌握利用非中断杂交法进行基因定位的原理和技术。

二、实验原理

在 20 世纪 40 年代初，细菌由于其染色体结构简单，材料易于获取等优势已经成为遗传学研究的重要对象，但因为“明显缺乏”性过程而妨碍了其成为遗传学研究的理想材料。1946 年，莱德伯格（Lederberg）和塔特姆（Tatum）在研究大肠杆菌基因重组的时候，发现基因之间的接合作用（杂交），从而发现了细菌已经具备了原始的性的雏形。另一位遗传学家沃尔夫通过 U 形管实验同样证明了大肠杆菌的杂交现象，并发现这种遗传物质重组必须通过细菌间的接触才能发生。1952 年，伦敦的微生物学家威廉姆 · 海耶斯（William Hayes）证明了细菌杂交中接合的两个细菌的作用是不平等的，进一步研究表明作为遗传物质供体的是一种含有 F 因子的菌株，将这种菌株称为 **F^+**菌株。F 因子一般游离于细菌染色体之外，也可能整合到染色体上，是一种被称为附加体的质粒。

大肠杆菌的染色体为环状染色体，带有 F 因子的菌株能够与不带 F 因子的菌株（**F^-**菌株）进行杂交，进而发生基因重组。带有 F 因子的细菌，细胞表面会形成一种与细胞接合作用相关的毛状突起，它被称为性纤毛，长 1～20μm。性纤毛促使供体和受体细胞特异地配对，在受体细胞上有纤毛的特异结合位点，当性纤毛结合到这些特异性位点之后，开始收缩并将 2 个细菌拉拢，形成作为遗传物质转移通道的接合管，便于遗传物质的转移。这种杂交具有时间性、单向性和固定性的特点。该实验定量计算基因距离的前提是，大肠杆菌环状 DNA 任意位点断裂几率相同，于是基因是否能进入，与其和起始位点距离唯一相关。

F^+菌株和 F^-菌株杂交将产生 F^+菌株后代（约 70%），而发生基因重组的频率约为 10^{-7}。当 F 因子整合入细菌染色体的时候，产生了高频重组菌 Hfr 品系，高频重组品系和 F^+菌株有相似的杂交特性，但其与 F^-菌株杂交时发生重组的频率为 10^{-4}，并且产生后代为 F^-菌株。Hfr 菌株在受到紫外光处理后会产生一种 F′ 菌株，这是由于 Hfr 菌株染色体中 F 因子的不正常环出造成的，这时的 F′ 因子含有供体细胞的特定基因，而在和 F^-菌株杂交中进行高频传递作用，形成部分二倍体，这种通过 F′ 因子介导的供体菌向受体菌特定基因转移的过程被称为性导（sexduction）。

中断杂交：1961 年，雅各布（F. Jacob）和沃尔曼（E. Wollman）发现在杂交过程中，接合细菌可以在 2h 中缓慢地进行遗传物质的传递，在不同的杂交时间进行强力搅拌，打断接合细菌之间的接合管，从而终止遗传物质的转移，所以离转移起点越近的基因进入受体菌的几率越大，因此可以通过绘制基因的转移曲线推断出基因顺序并以时间为单位进行染色体作图。

非中断杂交：不同的 Hfr 中 F 因子与主染色体的整合位置是不同的。Hfr 菌株与 F^- 菌株进行结合，染色体由 Hfr 向 F^- 转移，由于染色体的转移是单方向性的，染色体上的基因都是连锁的，所以，位于 Hfr 染色体上前面的基因（接近 O 点）将有更多的机会出现在 F^- 中，越是后端的基因出现的机会就越少。因此，根据细菌结合后 F^- 菌（以重组子的形式筛选出）Hfr 上的基因出现的多少就可以测定基因间的相对位置。实验中采用选择培养基筛选法，即亲本不能生长，只有重组子可以生长，同时可利用营养物的加入选择不同的重组子。[1, 2]

三、实验材料及用具

1. 菌株

供体菌：*E. coli* csh60 Hfr str^s。

受体菌：*E. coli* 57B F^- 缺陷型。

met - leu - trp - his - arg - lac - gal - ade - ilv - str^r。

2. 实验试剂及培养基

（1）液体 LB 培养基：按表 8-1 配制，在高压蒸汽灭菌锅内以 103kPa（15lb）压力灭菌 20min，如配制固体培养基，则再加入 2% 的琼脂即可。

（2）10×A 磷酸缓冲液：按表 8-2 配置 10× 母液，即将溶质提高到配方中的 10 倍。用 103kPa（15lb）压力高压蒸汽灭菌 20min。

表 8-1　液体 LB 培养基配方

配方	含量
胰化蛋白胨	10g
酵母提取物	5g
NaCl	10g
蒸馏水	1000ml
调 pH 至 7.0	

表 8-2　10×A 磷酸缓冲液配方

配方	含量
K_2HPO_4	10.5g
KH_2PO_4	4.5g
$(NH_4)_2SO_4$	1.0g
柠檬酸钠（$Na_3C_6H_5O_7$）	1.0g
蒸馏水	1000ml
调 pH 至 7.0	

（3）生理盐水：取 NaCl 8.5g，溶于 1000ml 蒸馏水中。用高压蒸汽 103kPa（15lb）压力灭菌 20min。

（4）20% 糖溶液：葡萄糖、乳糖、半乳糖每种各取 20g，分别溶于 100ml 蒸馏水中。用高压蒸汽 103kPa（15lb）压力灭菌 15min。

（5）0.25mol/L 硫酸镁溶液：称取 $MgSO_4 \cdot 7H_2O$ 15.4g，加入蒸馏水 250ml。

（6）盐酸硫胺素（VB_1）：称取盐酸硫胺素 10mg，加水至 10ml。用 50kPa（8lb）压力高

表 8-3 A 平板培养基配方

配方	含量
10×A 磷酸缓冲液	50ml
20% 糖溶液	10ml
盐酸硫胺素	2ml
0.25M 硫酸镁溶液	2ml
氨基酸溶液及腺嘌呤	每种分别加入 0.4ml
链霉素溶液	2ml
琼脂	10g
蒸馏水	500ml
调 pH 至 7.0～7.2	

压蒸汽灭菌 15min。

（7）链霉素溶液：取 100 万单位的链霉素一瓶，加蒸馏水至 20ml，不需灭菌。

（8）氨基酸溶液及腺嘌呤：精氨酸、异亮氨酸、缬氨酸、色氨酸、组氨酸、腺嘌呤，配制以上溶液时分别称取 40mg 加蒸馏水 4ml，然后滤膜过滤或在恒温 50℃条件下灭菌 50～60min。

（9）配制 A 平板培养基（表 8-3）。

（10）选择培养基如表 8-4 所示。

表 8-4 选择培养基配方

编号	选择标记	碳源	str	arg	ilv	met	leu	ade	trp	his
A	met、leu、str	葡萄糖	+	+	+	−	−	+	+	+
B	arg、met、leu、str	葡萄糖	+	−	+	−	−	+	+	+
C	ade、met、leu、str	葡萄糖	+	+	+	−	−	−	+	+
D	trp、met、leu、str	葡萄糖	+	+	+	−	−	+	−	+
E	his、met、leu、str	葡萄糖	+	+	+	−	−	+	+	−
F	lac、met、leu、str	乳糖	+	+	+	−	−	+	+	+
G	gal、met、leu、str	半乳糖	+	+	+	−	−	+	+	+

注：ilv 为异亮氨酸和缬氨酸。

将培养基配制完成后，在超净工作台内将培养基倒入培养皿内制成平板，待培养基冷凝后备用。

3．其他用具

三角瓶、试管、烧杯、培养皿、取液器、接种环、涂棒、牙签、70% 乙醇。

四、实验方法及步骤

1．活化菌种

实验前，从冰箱内取出保存的受体及供体菌种在 37℃下活化 24h，然后分别用接种针挑一环菌至 5ml LB 液体培养基中，在 37℃条件下以 120r/min 转速摇床振荡培养过夜。

2．扩大培养

从上述 5ml 培养液中用取液器分别吸取供体和受体菌 1ml 转入到另一新的 5ml LB 培养基内，在 37℃下培养 3～4h。此时，从供体和受体的培养瓶中分别取 0.1ml 菌液均匀涂布在 A 平板培养基上作为对照。将培养皿置于 37℃恒温培养箱中倒置培养。

3．杂交

用取液器从扩大培养后的菌液中分别吸取供体菌 0.2ml、受体菌 4ml 混合于一个无菌试管内，将其置于摇床内，在 37℃、120r/min 转速条件下振荡培养 1.5～2h。

4．杂交菌液培养

杂交结束后，从杂交液中吸取 0.1ml 到 A 培养皿上，用涂棒将杂交液涂布均匀。

稀释涂布：为降低杂交液的浓度，使重组后的菌株在平板上长出分离的菌落，可以将杂交液用 10 倍稀释法（取杂交液 0.5ml，置于一无菌试管内，加入生理盐水 4.5ml 混合后成为 10^{-1} 稀释，还可以稀释成 10^{-2} 或更大稀释度），用移液器均匀吹打混合，并从中吸取稀释后的杂交液 0.1ml，均匀涂布 A 平板培养基上，各重复涂布两个培养皿。将培养皿置于 37℃恒温培养箱中倒置培养。

5．杂交重组体检测

由于供体和受体菌在 A 平板培养基上都不能生长，所以在 A 培养基上长出的菌落即为重组型的。观察几块 A 平板培养基上菌落的生长情况，找那些菌落分离清晰的进行转移，在选择培养基上进行重组体的鉴定，转移到超净工作台内进行操作。

用无菌的牙签挑取 A 平板上的菌落，分别接种在 B-G 选择培养基的对应位置上，为了便于操作，可以在选择培养基培养皿的下面垫一张画有 100 个方格的白纸，最后在选择培养基上接种的菌落数达到 100。

6. 将接种好的选择培养基平板置于 37℃下恒温培养，待有菌落长出时，进行统计。根据统计结果将大肠杆菌的几个连锁的基因做出线性排列的位置顺序图，计算重组率。

重组率＝（各选择性培养基生长菌数 / 点种总菌数）×100%

五、作业及思考题

1. 根据杂交结果绘制大肠杆菌的基因连锁图。
2. 以大肠杆菌为例分析原核生物与真核生物基因传递和重组的异同。
3. 如何证明细菌重组是由杂交产生的，而不是由回复突变产生的？
4. 如何证明细菌接合是一种异宗配合？
5. F^+菌株和 Hfr 菌株分别与 F^-菌株杂交产生不同的重组频率的原因是什么？
6. 在实验方法及步骤 3 杂交中，为什么杂交液中受体菌的浓度远大于供体菌的浓度？
7. 本实验中各重组基因的图距计算可说明大肠杆菌非中断杂交中的哪种特性？

参考文献

［1］THOMAS R M, ROBERT L H. Genetics: laboratory investigations［M］. New Jersey: Prentice Hall Upper Saddle River, 2001.

［2］河北师范大学. 遗传学实验［M］. 北京：人民教育出版社，1982.

实验 9

大肠杆菌普遍性转导

一、实验目的

1. 学习细菌转导的基本原理，了解普遍性转导和局限性转导的差别。
2. 掌握普遍性转导的实验技术并利用该技术进行基因定位。

二、实验原理

转导是由噬菌体作媒介将一个细胞的遗传物质传递给另一个细胞的过程。

1952 年，乔舒亚·莱德伯格（Joshua Ledererg）及诺顿·津德尔（Norton Zinder）在研究鼠沙门氏菌遗传重组时发现了一种不同于细菌接合的 FA 因子介导的遗传物质转移方式，并进一步证明 FA 因子是噬菌体，这个现象与他们早期发现的直接依赖于双亲细胞直接接触的重组方式不同，并最终确定这是细菌中存在的一种新的遗传物质传递方式——转导。当病毒从被感染的细胞（供体）释放出来，再次感染另一细胞（受体）时，发生在供体细胞与受体细胞之间的 DNA 转移以及基因重组即为转导。自然界常见的转导作用就是噬菌体感染受体细菌时伴随发生的基因转移。[1]

根据噬菌体 - 细菌体系所能传递细菌遗传标记的范围，转导分为两类：普遍性转导和局限性转导。

对于普遍性转导而言，单个性状或几个性状密切连锁的遗传因子均能被转导，这些遗传因子可以是染色体上的，也可以是染色体外的。它的转导频率取决于营养标记、供体与受体、细菌生理状态以及每个细菌感染的噬菌体数目等，大约为 1×10^{-8}～1×10^{-5}。其中，普遍性转导研究得最清楚的是 *E. coli* 中噬菌体 P1 和 P2 介导的转导，它们可以转导供体细菌染色体上任何一个基因。因而本实验采用噬菌体 P1 作为普遍性转导的媒体。

局限性转导则是在 1954 年梅尔文·摩尔斯等在研究 *E. coli* K12（λ）噬菌体时发现的。λ 噬菌体只能转导靠近 λ 原噬菌体位置的决定半乳糖代谢酶合成相关基因、生物素基因以及一个抑制基因，而不能转导其他基因。[2]

由于噬菌体可携带的 DNA 片段长度是很有限的（噬菌体 P1 可包裹的 DNA 片段长度为 5.8×10^{7}，大约只相当于大肠杆菌染色体的 2%），因此很难携带三个以上的基因，但却可以携带两个基因发生转导。我们把噬菌体同时转导两个以上的基因称为共转导。噬菌体包装断裂供体染色体的过程是随机的，所以相邻的基因发生共转导的几率高于相隔较远的基因发生共转导的几率，由此我们可以通过共转导的发生来进行基因定位。

共转导频率现在已成为遗传图谱中一种重要的标记参数，相对于利用细菌接合的中断杂交和非中断杂交，共转导因为要求基因距离近而较适合于测定邻近基因的精确距离，甚至可以用来测定单一基因内部不同突变位点的排列次序，这是一般的接合定位法无法测定的。另外，共转导实验方法操作简单、准确性高等优点也使其在基因定位中有着重要的地位。假如大肠杆菌染色体的全长为 100min，P_1 噬菌体则最多携带 2min 长度的供体基因，因而包裹相隔 2min 以上基因的几率是很低的，这样发生共转导的转导率的公式如下所述：

$$X=\left(1-\frac{d}{L}\right)^3 \tag{9-1}$$

式中：X 为共转导频率；d 为以分钟计算的两个基因之间的距离；L 是以分钟计算的转导 DNA 的长度，如 P_1 噬菌体包裹 DNA 长度为两分钟，即 L 取两分钟。

细菌中发生转导的频率为 10^{-4}～10^{-5}。在测定基因共转导的实验中常采取选取某一选择性标记的转导子，然后测定另一基因的出现频率，由此计算出它们之间的连锁关系，最终绘制出基因图谱。

本实验的转导介质是噬菌体（P1Tn9*clr*100），具有氯霉素抗性。30℃时，在含氯霉素的培养基上很容易选得带有该噬菌体的溶源菌，在 42℃时则进入裂解途径形成透明的噬菌斑，因而可通过 42℃高温诱导得到高滴定度的原裂解液。原裂解液中噬菌体易丧失感染力，不宜做长久保存，只需要保存溶源菌就可以了。[3]

三、实验材料及用具

1．实验用菌株

（1）*E. coli* FD1009 Hfr *sup* $T6^r$。

（2）*E. coli* CSH1 F-*trp* lacZ *str*A thi。

（3）整合有噬菌体 P1 Tn9 *clr* 100 的溶源菌。

（4）噬菌体 T6 裂解液（效价为 10^{10}/ml 左右）。

2．实验试剂及培养基

（1）BP（牛肉膏蛋白胨）培养液：按表 9-1 配制。

表 9-1 牛肉膏蛋白胨培养液

配方	含量
牛肉膏	5g
蛋白胨	10g
NaCl	5g
葡萄糖	5g
蒸馏水	1000ml
调 pH 至 7.2	

取培养液 150ml，补充 0.56g/L $CaCl_2$ 和 1.2g/L $MgSO_4$。取 10ml 试管 12 支，每支装 4.5ml BP 培养液；取 10ml 试管 6 支，每支装 5ml BP 培养液；取 250ml 三角瓶 2 只，各装有 20ml BP 培养液的三角瓶和 1 只装有 30ml BP 培养液的 250ml 三角瓶。

（2）BP 固体培养基：在上述 BP 培养液中，另加入 2% 琼脂粉即可配制。取固体培养基 300ml，补充 0.56 g/L $CaCl_2$ 和 1.2g/L $MgSO_4$。准备培养皿 16 个。

（3）半固体 BP 培养基：在上述 BP 培养液中，另加入 0.8% 琼脂粉即可配制。取半固体培养基 50ml，补充 0.56g/L $CaCl_2$ 和 1.2g/L $MgSO_4$。分装成 14 支试管。

（4）基本培养基（表 9-2）。

表 9-2 基本培养基

配方	含量
维生素 B_1	4mg
$MgSO_4 \cdot 7H_2O$	0.25g
K_2HPO_4	10.5g
KH_2PO_4	4.5g
$(NH_4)_2SO_4$	1.0g
柠檬酸钠（$Na_3C_6H_5O_7$）	0.5g
蒸馏水	1000ml

（5）“葡萄糖＋Str”培养基：基本培养基100ml，加入葡萄糖4g/L和20mg链霉素。准备培养皿5个。

（6）“乳糖＋Trp＋Str”培养基：基本培养基250ml，加入乳糖4g/L和10mg色氨酸、50mg链霉素。准备培养皿11个。

（7）“葡萄糖＋Trp＋Str”培养基：基本培养基100ml，加入葡萄糖4g/L、4mg色氨酸、20mg链霉素。准备培养皿4个。

（8）生理盐水：取NaCl 8.5g，溶于1000ml蒸馏水中。取10ml试管6支，每支装4.5ml生理盐水，装有20ml生理盐水的250ml三角瓶一只。

（9）氯仿。建议母液：链霉素50mg/ml，色氨酸10mg/ml。

3．其他用具

离心管、涂布棒、玻棒、移液枪、滴管、牙签、旋涡混合器、摇床、台式离心机。

四、实验方法及步骤

1．噬菌体裂解液的制备

取P1 Tn9 *clr* 100溶源菌单菌斜面或平皿，接种到1支BP培养液的试管，在30℃条件下静置培养过夜。

第二天取出菌液2ml，接入装有20ml肉汤培养液的250ml角瓶中，在30℃、200r/min转速条件下振荡培养2～3h，使细菌生长到对数生长期的早期，立刻置于42℃的水浴，保温20min，期间不断地轻轻摇动三角瓶，再将三角瓶转入37℃、200r/min转速的摇床培养1～2h。最后把三角瓶菌液转移到2支无菌离心管中，分别加入0.1ml氯仿，在旋涡混合器上振荡10～20s，再以4000r/min转速离心10min，小心吸取上清液，转移到另一支无菌试管中，加入0.1ml氯仿，在旋涡混合器上振荡10～20s。该试管上清液就是噬菌体P1 Tn9 *clr* 100的原裂解液（噬菌体效价为10^7/ml左右），备用。

接种供体菌 *E. coli* FD 1009到BP培养液试管，在30℃条件下静置培养过夜，第二天吸取菌液1ml接入另一支BP培养液试管中，在37℃条件下静置培养2.5h后，分装菌液到3支无菌空试管，每管0.2ml，然后分别加入0.1ml噬菌体P1 Tn9 *clr* 100的原裂解液，混匀置于37℃水浴中保温20min。另外作为对照，取1支无菌空试管，加入0.1ml无菌水和0.2ml菌液。同样保温20min，然后在每支试管中加入3ml已经熔化并在48℃保温的半固体BP琼脂，立即摇匀，倒平皿。培养皿在37℃条件下倒置培养过夜。

培养过夜后，用涂布棒把含有大量增殖噬菌体的半固体肉汤琼脂小心刮入250ml无菌三角瓶中，再加入10ml BP培养液和0.1ml氯仿，搅碎后转移到2支无菌离心管中，加入0.1ml氯仿，在旋涡混合器上振荡20s，以4000r/min转速离心10min，小心吸出上清液，转移到无菌离心管中，加入氯仿重复操作，得到的上清液就是噬菌体P1 Tn9 *clr* 100裂解液，其中绝大部分是正常的噬菌体P1 Tn9 *clr* 100颗粒，还含有包装了供体菌FD 1009染色体片段的P1转导噬菌体颗粒，可供转导使用。

2．噬菌体 P1 Tn9 *clr* 100 裂解液的效价测定

将 *E. coli* FD 1009 接种到 BP 培养液试管，在 30℃条件下静置培养过夜，第二天取出菌液 1ml 接入含 BP 培养液的试管中，在 37℃条件下静置培养 2.5h 后待用。

取噬菌体 P1 Tn9 *clr* 100 裂解液 0.5ml，用 BP 培养液逐级稀释至 10^{-8}，各取 10^{0}～10^{-8} 裂解液 0.1ml 于 9 支无菌试管中，然后每支试管中加入 FD 1009 菌液 0.2ml，混匀后 37℃水浴 15min。同样在无菌空试管中加入 0.1ml BP 培养液和 0.2ml 菌液保温 15min 为对照。15min 后在每支试管中加入 3ml 已经熔化并在 48℃保温的半固体 BP 琼脂，立即摇匀倒平板。在 37℃条件下倒置培养过夜。

培养后观察结果，记录噬菌斑的数量，并算出裂解液中噬菌体 P1 Tn9 *clr* 100 的效价。

3．转导

将受体菌 *E. coli* CSH1 接种到 1 支含 BP 培养液的试管，在 30℃条件下静置培养过夜，第二天取出菌液 2ml 接入装有 20ml 肉汤培养液的 250ml 三角瓶中，在 37℃条件下以 200r/min 转速振荡培养 2h，使菌达到对数期，备用。

由于转导时要求 m.o.i＜1（即噬菌体数与细菌数之比＜1），因而必须适当稀释高效价的噬菌体 P1 Tn9 *clr* 100 裂解液再用于转导。假如裂解液中的噬菌体效价为 10^{9}/ml，可取出裂解液 0.5ml，用 BP 培养液逐级稀释至 10^{-3}，分别各取出 10^{-1}、10^{-2}、10^{-3} 裂解液 2ml，加入 3 支无菌空离心管；然后各加入 2ml *E. coli* CSH1 菌液，混匀后在 37℃条件下水浴 20min。再取 2 支离心管，1 支加入 2ml BP 培养液和 2ml 10^{0} 裂解液，另 1 支加入 2ml BP 培养液和 2ml *E. coli* CSH1 菌液，同样在 37℃条件下水浴 20min 作为对照。

以 4000r/min 转速离心 10min 后的菌液，轻轻倒去上清液。在转导的 3 支离心管中，分别加入 0.5ml 生理盐水，吹打沉淀使细胞均匀悬浮，各取 0.1ml 涂布"葡萄糖＋Str"培养基平板，各涂布 1 个平皿，后取出 0.1ml 涂布在"乳糖＋Trp＋Str"培养基平板，各涂布 3 个平皿。在 2 支对照离心管中，分别加入 1ml 生理盐水，同样用滴管吹吸数次，然后各取出 0.1ml 涂布在"葡萄糖＋Str"培养基平板和"乳糖＋Trp＋Str"培养基平板上，各涂 1 个平皿。将培养皿在 37℃条件下倒置培养 2～3 天后观察，记录"葡萄糖＋Str"平板上的 trp^{+}转导子菌落数量和"乳糖＋Trp＋Str"平板上的 lac^{+}转导子菌落数量，计算转导频率。

另外，从对照组的 *E. coli* CSH1 菌液离心管中取出 0.5ml，用生理盐水逐级稀释至 10^{-6}，分别取 10^{-5}、10^{-6} 稀释菌液 0.1ml，涂布在"葡萄糖＋Trp＋Str"培养基平板上，各涂 2 皿，培养皿在 37℃条件下倒置培养 1～2 天后，进行计数。

4．共转导测定

取 BP 固体培养基平板 2 个，分别涂布 0.1ml 噬菌体 T6 裂解液（噬菌体效价为 10^{10}/ml 左右），置于 37℃温箱 2～3h，待裂解液被培养基吸干后，用无菌牙签挑取在"乳糖＋Trp＋Str"平板上生长的 lac^{+}转导子菌落，点种到上述涂有噬菌体 T6 的平板上，总共挑取 100～200 个菌落。点种完毕，培养皿在 37℃条件下倒置培养 16～24h 左右，统计长出的菌落数（即 lac^{+} $T6^{r}$ 转导子菌落数），计算共转导频率以及 lac^{+}基因与 $T6^{r}$ 基因的图距。

5．实验记录

（1）效价结果记录（表 9-3）

表 9-3 不同浓度噬菌体裂解液的噬菌斑数

浓度	10^0	10^{-1}	10^{-2}	10^{-3}	10^{-4}	10^{-5}	10^{-6}	10^{-7}	10^{-8}	10^{-9}	对照
每皿噬菌斑数（个 /0.1ml）											
效价											

噬菌体效价（噬菌斑数 /ml 裂解液）＝每皿噬菌斑数 ×10× 稀释倍数

（2）转导频率记录（表 9-4）

表 9-4 基因转导数据记录

培养基类型	转导标记	稀释度	每皿菌落数 /（个 /0.1ml）			转导频率
			A	B	C	
葡萄糖＋Str	trp					
乳糖＋Trp＋Str	lac					

转导频率＝（5× 平均每皿转导子菌落数 × 裂解液稀释倍数）/（2× 裂解液噬菌体效价）

（3）*E. coli* CSH1 活菌计数（表 9-5）

表 9-5 菌落计数表

培养基类型	葡萄糖＋Trp＋Str
稀释度	
每皿菌落数	
菌液中细胞浓度（个 /ml 菌液）	

（4）共转导实验记录（表 9-6）

表 9-6 共转导实验结果记录

共转导记录	点种 Lac^+ 转导子菌落数	生长的 Lac^+T6^r 转导子菌落数	共转导频率
BP 培养基＋噬菌体 T6			

图距计算：

Lac^+基因与 $T6^r$ 基因图距（min）＝2－2×（生长的 Lac^+T6^r 转导子菌落数 / 点种 Lac^+转导子菌落数）$^{1/3}$

五、作业及思考题

1. 普遍性转导和局限性转导的区别是什么？普遍性转导实验转导前的关键步骤是什么？为什么？

2. 结合普遍性转导，总结基因定位的常用方法。
3. 为什么说转导是遗传物质一次性的转移，受体菌将不再产生新的噬菌体子代？

参考文献

[1] 范云六，姜书勤，王清海. 关于细菌转导的理论及其应用研究进展 [J]. 科学通报，1973（4）：23.

[2] 徐红梅，沈志超. 医学论文中转化、转导、转染和感染的辨析 [J]. 同济大学学报（医学版），2011，32（3）：96-100.

[3] 张贵友，吴琼，林琳. 普通遗传学实验指导 [M]. 北京：清华大学出版社，2003.

实验10

大肠杆菌紫外诱变实验

一、实验目的

1. 初步掌握诱变方案的设计和紫外诱变的实验手段。
2. 理解自发突变和紫外诱变的机制，分析不同诱变目的、诱变手段和诱变筛选在诱变应用中的关系。
3. 了解诱变育种在微生物工业中的作用。

二、实验原理

微生物菌种质量优劣对发酵工业具有至关重要的作用，由于自然界中的菌种一般在生产上都有不同的缺陷，而且自然突变频率低，突变幅度小，单纯依靠自然界中微生物群体来进行的自然选择有很大的局限性，往往不能满足实际生产的需要，因此现在的微生物发酵生产菌种绝大多数都是经过人工改造的，而菌种改造有诱变改造和基因改造两方面。虽然现在基因工程菌已经成为越来越重要的菌种改造方式，但通过物理、化学诱变对菌种品质进行改造仍然是工业生产菌重要的来源。

诱变分为物理诱变和化学诱变。物理诱变采用紫外光、X射线、α射线、β射线、γ射线、快中子和超声波等，其中紫外光诱变因其效果好、实验设备简单等优点而成为应用最为广泛的物理诱变剂。而化学诱变则是采用化学诱变剂对诱变对象进行处理，这些化学物质通过和DNA相互作用，改变其分子结构，最终引起遗传改变，得到诱变菌种。实验室中常用的有亚硝酸、硫酸二乙酯、亚硝基胍等（这三种诱变剂诱变效果依次增加，毒性也依次增大）。

物理诱变往往被分为电离辐射和非电离辐射，X射线、β射线、γ射线、快中子等都属于电离辐射。电离辐射的特点是穿透力强，对生物作用分为直接作用和间接作用。辐射的直接作用是指辐射所产生的直接物理损伤，是由于能量量子直接与染色体作用而造成的原始损伤，是一种物理作用；而辐射的间接作用则是一种化学作用，生物细胞中的水分子受到辐射作用产生各种自由基，这些自由基和溶质分子直接和染色体发生作用产生遗传损伤。由于不同作用的时效差别，辐射的作用过程大体可分为物理、化学和生物学效应等阶段，时效发生可以从 10^{-12}s 到几年。辐射中常采用的剂量单位为伦琴（R）。一个伦琴相当于在0℃及1个标准大气压（101.325kPa）下，每立方厘米干燥空气中能产生 2.082×10^{9} 个离子对的电离剂量。此外还有拉特（rad）、戈瑞（Gy）、居里（Ci）等单位。其换算系数如下：

$$1\text{rad}=100\,\text{Gy/g}=10^{-2}\text{J/kg}=6.24\times10^{23}\text{eV/g}$$

$$1\text{戈瑞}=6.24\times10^{11}\text{eV}$$

1 居里＝3.70×10^{10} 次衰变 / 秒

非电离辐射最典型的就是紫外光，其电磁波谱位置为 40～390nm（400～3900Å）。而由于 DNA 分子的紫外吸收峰位于 260nm（2600Å）。因而波长在 2000～3000 之间的紫外线被用于紫外诱变。紫外诱变时的剂量与所用紫外灯管的功率以及照射距离和照射时间相关，实验中往往采用改变照射时间来改变照射剂量。由于照射致死率在 95%～99% 的时候回复突变株出现率最高，因而实践中多用 70%～80% 的致死率进行诱变。

化学诱变与物理诱变相比主要的差别是诱变的特异性强，往往专一作用于 DNA 分子的特定结构。化学诱变剂主要分为四大类：碱基类似物、烷化剂、移码突变剂和其他类。由于不同的化学诱变剂性能差别很大，在使用前必须对影响其使用效果的温度、pH、光照、溶剂等进行清楚的分析，同时对其半衰期、毒性及防护也充分了解，这样才能保证使用的有效性和人体安全性。化学诱变的剂量是由使用浓度和处理时间决定的，操作中可以根据需要选择高浓度短时间处理或是低浓度长时间处理。

在诱变中制定好诱变方案是很重要的，诱变育种包括诱变和筛选两步。首先制定一个明确的筛选目标，因为诱变是不定向的，我们必须采用定向的筛选方法将我们所需要的菌株从原始菌和突变株中分离出来，同时还应考虑选出的菌种在生长速度、温度适应、产孢子等方面不能产生过多不适应生产的变化。在充分考虑了实验的工作量要求后，结合本实验室的人力、物力和时间要求后提出诱变和筛选方案。在筛选方法选择中要考虑到兼顾筛选的工作量和可信度。当筛选方法可信度高时，往往检测方法是比较繁琐的（尤其是量突变）。这时为了提高筛选工作量，往往降低筛选的可信度，减少初筛的繁琐程度，而在复筛中进一步加以确定。根据筛选目的和实验室条件选用合适的诱变剂。筛选方案确定后，不要经常改变，保持工作的稳定性，这样有利于总结提高。

本实验以大肠杆菌为材料，选择紫外线为诱变剂，进行诱变处理；筛选青霉素抗性菌，绘制致死曲线并计算诱变率。[1, 2]

三、实验材料及用具

1．菌种：大肠杆菌（*Escherichia coli*）。

2．实验试剂及培养基

（1）BP 培养基（牛肉膏蛋白胨培养基）配方参见表 9-1。

（2）青霉素 BP 培养基：配制 100mg/ml 青霉素母液，用针式滤器过滤后待用。如果配制液体培养基，将 BP 培养基灭菌冷却后加入青霉素母液，使终浓度为 30mg/L。如果配置固体培养基，则 BP 培养基灭菌后待冷却至 60℃ 左右时加入青霉素，使终浓度为 30mg/L，立刻倒平皿。

（3）生理盐水：取 NaCl 8.5g，溶于 1000ml 蒸馏水中。

3．其他用具

培养皿、三角瓶、离心管、试管、吸管、取液器、台式离心机、水浴锅、紫外线照射箱等。

四、实验方法及步骤

1．菌体准备

（1）细菌培养：接种 *E. coli* 到 BP 液体培养基（500ml 三角瓶装 100ml 培养基），置 37℃、200r/min 转速摇床培养 16～18h，这时摇瓶中的菌液密度为每毫升 10^7～10^8 个菌。

（2）收集菌体：将三角瓶的菌液转入离心管中，以 4000r/min 转速离心 10min。离心后，倒去上清液，加入 100ml 无菌生理盐水溶液和玻璃珠将细菌沉淀打匀，待用（取用之前务必摇匀）。

2．细菌计数

（1）菌液稀释：取三角瓶中的菌液 0.5 ml，进行十倍稀释，稀释到 10^{-4}～10^{-6} 级别。

（2）平皿涂布：分取 3 个稀释度的菌液各 0.1 ml 加入到 BP 固体培养基平皿中，用无菌涂棒将菌液涂匀。每个稀释度涂布两个平皿。将平皿置于 37℃培养箱中培养过夜。

（3）细菌统计：对培养后的平皿进行活菌统计，按照菌落计数法的统计原则进行统计，算出原菌液中的菌密度。

菌落计数法：

a. 先计算稀释度相同的平皿中的菌落数，平皿中应该没有菌苔，否则影响计数结果；如果平皿中一半有菌苔，而另一半菌落分布均匀时，可以对分布均匀的一半进行计数，将结果乘以 2 作为平皿中的菌落数。

b. 最适的平皿菌落数为 30～300，当只有一个稀释度的菌落数在这个范围时，则以此稀释度来进行计数（表 10-1 中例 1）。

c. 若两个稀释度的平均菌落数在 30～300 之间，则按这两者分别算出的菌落数之比来确定。若其比值小于 2，应采用两者的平均数（表 10-1 例 2），若大于 2，则取其中较少的菌落数（例 3）。

d. 若所有菌落数均大于 300，则按稀释度最高的计数（表 10-1 例 4）。

e. 若所有菌落数均小于 30，则按稀释度最低计数（表 10-1 例 5）。

f. 若菌落数有的多于 300，有的少于 30，则按最接近 300 的进行计数（表 10-1 例 6）。

表 10-1 不同稀释度的菌落数统计结果

例号	不同稀释度的菌落数			两稀释度菌落数比	菌落数	备注
	10^{-3}	10^{-4}	10^{-5}			
1	1780	261	24	—	2.6×10^6	以四舍五入保留两位有效数字
2	2860	275	38	1.4	3.3×10^6	
3	250	58	5	2.3	2.5×10^5	
4	过多	2400	420	—	4.2×10^7	
5	26	5	2	—	2.6×10^4	
6	过多	330	13	—	3.3×10^6	

3．自发突变

取三角瓶中 0.1ml 菌液加入到含有青霉素的 BP 固体培养基平皿中，涂布 3 个平皿。依照步骤 2 进行细菌培养和计数。

4．诱变处理

紫外线诱变：由于紫外诱变引起的 DNA 变化有光复活作用，因而诱变实验最好在红光下进行操作，操作后将涂布好的平皿用报纸包好后置于 37℃培养箱中培养。操作过程如下：

a. 分别吸取三角瓶中菌液 3ml 于 4 个无菌培养皿内。将培养皿放在 10～15W 的紫外灯下，距离 30 cm 左右。

b. 在诱变前先打开紫外灯稳定 15～30min（使紫外灯输出功率稳定后进行实验，使致死曲线更准确），将待处理的 4 培养皿连盖放在紫外灯下灭菌 1min，将 4 个培养皿开盖后进行紫外照射，分别在 15s、30s、1min 和 2min 的时候将培养皿的盖子盖上，然后关上紫外灯（如果有条件，应将平皿放在磁力搅拌器上，在照射过程中对菌液进行搅拌，使菌液均匀，便于紫外线的作用）。

c. 分别对照射 15s、30s、1min 和 2min 的 4 个培养皿做菌液稀释计数。分别稀释到 10^{-4}、10^{-3}、10^{-2} 和 10^{-1}，进行两个稀释度的涂布，每个涂布 2 个培养皿，进行培养计数，结合步骤 2 进行致死曲线绘制。（如果有条件，应该做“3×3”计数，即对一个样本进行计数，应做 3 个稀释度 3 个重复样的计数。）

d. 将照射后的 4 个培养皿中的菌液 0.1ml 分别加入到含有青霉素的 BP 固体培养基平皿中，涂布 3 个平皿。依照步骤 2 进行细菌培养和计数。

5．光复活

实验操作基本同于步骤 4 诱变处理，其中在步骤 b 之后将平皿暴露在白光中 30min，然后再进行步骤 c 之后的操作。

6．实验记录

（1）原菌液计数（表 10-2）

表 10-2　原菌液计数

稀释度				细菌数（个 /ml）
平皿 A/（个 /0.1ml）				
平皿 B/（个 /0.1ml）				
平均 /（个 /0.1ml）				

（2）自发突变计数（表 10-3）

表 10-3　自发突变计数

平皿 A	平皿 B	平皿 C	平均突变菌数	自发突变率

自发突变率＝每 ml 菌液中自发突变菌数 / 每 ml 菌液中活菌数

（3）诱变记录（表 10-4）

表 10-4　诱变结果统计

照射时间	稀释度	平皿 A	平皿 B	平均	致死率	
15s						
	抗性突变菌				突变率	
30s						
	抗性突变菌				突变率	
60s						
	抗性突变菌				突变率	
120s						
	抗性突变菌				突变率	

（4）光复活实验记录（表 10-5）

表 10-5　光复活实验结果

照射时间	稀释度	平皿 A	平皿 B	平均	致死率	
15s						
	抗性突变菌				突变率	
30 s						
	抗性突变菌				突变率	
60s						
	抗性突变菌				突变率	
120s						
	抗性突变菌				突变率	

五、作业及思考题

1. 紫外诱变中要求菌液深度不超过 2mm，为什么？
2. 自发突变和诱发突变在机制上有什么不同？
3. 比较暗操作和光复活情况下的致死率和抗青霉素突变率的差别。

参考文献

［1］刘祖洞，江绍慧. 遗传学实验［M］. 北京：高等教育出版社，1987.

［2］卢龙斗，常重杰. 遗传学实验技术［M］. 北京：中国科技大学出版社，1996.

实验 11

大肠杆菌的转化实验

一、实验目的

1. 通过实验了解原核生物实现基因转移和重组的途径。
2. 掌握质粒 DNA 化学转化实验的基本原理和操作方法。

二、实验原理

转化这一概念来源于遗传学，是指一种生物由于特异性地吸收了另一种生物的遗传物质，并将其整合到自身的基因组内从而获得了后者的某些遗传性状或者发生某些遗传性状的改变。1928 年，F. 格里菲斯（Frederick Griffith）在肺炎双球菌（*Diplococcus pneumoniae*）中发现了转化现象。但是直到 1944 年，转化因子的本质才被 Avery、MacLeod、McCarty 等人所鉴定，这是阐明 DNA 是遗传物质的第一个明确的实验证据，对人类深刻揭示遗传的物质基础发挥了重要作用。现在转化实验已经成为分子生物学研究的重要基础手段之一。

在分子生物学技术中，转化（transformation）特指以质粒（plasmid）DNA 或以它为载体（vector）构建的重组子导入细菌的过程。转染（transfection）是指噬菌体、病毒或以它们为载体构建的重组子导入细胞的过程。对于以噬菌体为媒介，将外源 DNA 导入细菌的过程，称为转导（transduction）。这些概念往往容易混淆。[1, 2]

转化是一个自然存在的过程。人们把细菌处于容易吸收外源 DNA 的状态叫作感受态细胞（competent recipient cell），处于感受态和非感受态的细菌都可以吸附 DNA，但是只有处于感受态的细菌所吸附的 DNA 是稳定的，不易被洗脱掉。细菌的感受态可以人工诱导，用理化方法诱导细菌进入感受态的操作叫作致敏过程。重组 DNA 转化细菌的技术关键是致敏过程的操作，又称感受态细胞的制备过程。

目前应用较广的转化方法主要为两种：$CaCl_2$ 转化法（化学转化法）和电转化法。$CaCl_2$ 转化法的原理是细菌处于低温（0℃）和低渗的 $CaCl_2$ 溶液中，菌体膨胀，转化混合物中的 DNA 形成抗 DNase 的羟基 - 钙磷酸复合物黏附于菌体表面，在 42℃条件下进行短时间的热激处理，促进 DNA 的吸收。在丰富培养基上培养使细胞复原并分裂增殖，在被转化的细胞中，外源 DNA 所携带的基因在转化体内进行表达，因而可以在选择培养基上筛选出转化子。电转化法则是依靠短时间的电击促使 DNA 进入细胞。另外还有其他转化方法，比如大肠杆菌（*Escherichia coli E. coli*）HB101 菌株在－70℃下与 DNA 混合后反复冻融，就可以得到转化子，其效率与 $CaCl_2$ 转化法相近。[3, 4]

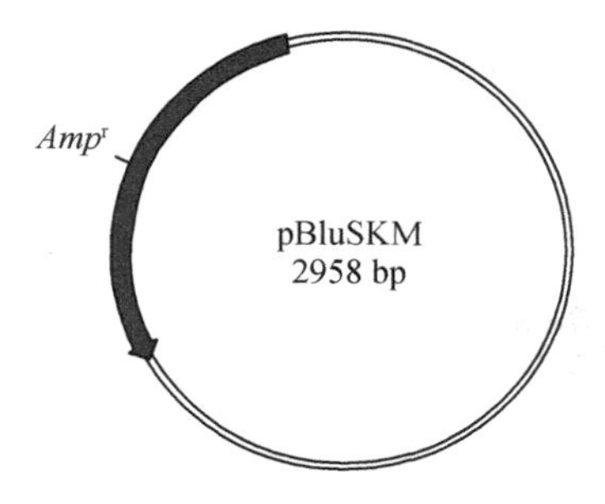

图 11-1 载体质粒 pBluescript 示意图

本实验通过 $CaCl_2$ 转化法将常用载体质粒 pBluescript SK⁻转化入 *E. coli* JM109 菌株中。大肠杆菌 JM109 是一株分子生物学常用的克隆菌株，对氨苄青霉素（氨苄西林）等抗生素敏感。

质粒 pBluescript SK⁻编码氨苄青霉素的抗性基因（图 11-1），因而在含有氨苄青霉素的 LB 培养基上，通过转化而含有质粒 pBluescript SK⁻的菌株可以生长，而不含有该质粒的菌株由于其对抗生素的敏感性而不能生长。通过该方法即可以得到含有该质粒的菌株。

三、实验材料及用具

1. LB 培养基配制参见表 8-1。
2. 氨苄青霉素：100mg/ml，过滤灭菌。
3. $CaCl_2$ 溶液：60mmol/L $CaCl_2$，体积分数为 15% 的甘油，10mmol/L PIPES，pH7.0。
4. 其他：摇床、冷冻离心机、移液器、三角瓶、离心管、平板、聚丙烯管、质粒 DNA。

四、实验方法及步骤

（1）接种一个 *E. coli* JM109 单菌落于 50ml LB 培养液中，在 37℃条件下以 250r/min 转速培养过夜。

（2）在 500ml 的三角瓶中加入 200ml LB 培养基，然后加入 2ml 过夜培养的细菌，在 37℃、200r/min 转速条件下培养至 OD_{600} 为 0.3～0.4（约 3h）。

（3）将三角瓶转移到冰上预冷 10min。

（4）在 4℃的离心机中离心菌体，以 6000r/min 转速离心 10min，弃掉上清液。

（5）用 5ml 冰冷的 $CaCl_2$ 溶液重悬菌体，在 4℃条件下以 6000r/min 转速离心 5min，弃掉上清液。

（6）用 5ml 冰冷的 $CaCl_2$ 溶液重悬菌体，冰上放置 0.5h，在 4℃条件下以 6000r/min 转速离心 5min，弃掉上清液。

（7）用 1ml 冰冷的 $CaCl_2$ 溶液重悬菌体，按照每管 50μl 分装于预冷的无菌聚丙烯管中，立即使用或冻存于－70℃冰箱中。

（8）将 1μl 质粒 pBluescript SK⁻加入到感受态细胞中，轻弹混匀，置于冰上 30min。

（9）将管子放入 42℃水浴 1min，立即放于冰上 2min。

（10）加入 1ml LB 培养基，在 37℃条件下以 200r/min 转速培养 1h。

（11）取合适的稀释度菌液涂布于带有氨苄青霉素的 LB 平板上，在 37℃条件下过夜培养。

（12）对生长出的菌体进行计数，计算每微升质粒的转化率。

五、作业及思考题

在转化操作中，哪些操作会造成假阳性的结果？如何排除？

参考文献

[1] 刘祖洞，江绍慧. 遗传学实验 [M]. 北京：高等教育出版社，1987.
[2] 卢圣栋. 现代分子生物学实验技术 [M]. 北京：高等教育出版社，1993.
[3] 卢龙斗，常重杰. 遗传学实验技术 [M]. 北京：中国科技大学出版社，1996.
[4] 奥苏贝尔 F，金斯顿 R E，塞德曼 J G，等. 精编分子生物学指南 [M]. 王海林，译. 北京：科学出版社，1998.

实验 12

四分子遗传分析：粗糙链孢霉的分离和交换

一、实验目的

1. 学习粗糙链孢霉的培养方法和杂交技术。

2. 了解粗糙链孢霉的生活史，通过对链孢霉杂交产生的子囊孢子的统计分析，验证遗传学的基本规律，掌握着丝粒作图的方法。

二、实验原理

链孢霉的四分子（ordered tetrad）分析涉及其减数分裂过程中的重组、交换的整个过程，两种不同接合型（mating type）个体产生的短暂二倍体进行减数分裂，形成了四个单倍体的细胞。根据在同源染色体联会时有无非姊妹染色体的交换，能够区分带有基因标记的子囊孢子，因此粗糙链孢霉是遗传分析工作中的有用工具。

粗糙链孢霉（*Neurospora crassa*）属于子囊菌纲、球壳目、脉孢菌属。它的营养体是单倍性的（$N=7$），由多核菌丝构成。生殖方式有无性、有性两种。无性繁殖是成熟的菌丝上产生分生孢子，分生孢子在适宜的条件下萌发，进而形成新一代的菌丝体。有性生殖通过两种方式进行：①在一种接合型的营养体菌丝上产生的灰白色的原子囊果，另一接合型的分生孢子落在这一原子囊果的受精丝上完成受精作用而形成合子。②两种不同接合型的菌丝彼此靠近并通过菌丝中细胞核的融合形成二倍性的合子。无论哪一种形式，形成的二倍体合子经过减数分裂形成 4 个单倍体的子细胞核，每个细胞核又进行一次有丝分裂，最终发育成 8 个子囊孢子。这 8 个子囊孢子按照细胞分裂的顺序排列在子囊中，许多子囊被包在黑色的子囊果中。若两个亲代菌株有某一遗传性状的差异，那么通过杂交所形成的每一子囊必定有 4 个子囊孢子属于同一种类型，其他 4 个属于另一种类型。每个子囊的大小约 20μm×200μm，而每个子囊孢子的大小约为 17μm×26μm。因此，两个相对性状的差异可以通过子囊孢子直接表现出来（彩图 12-1）。[1, 2]

三、实验材料及用具

粗糙链孢霉的野生型（菌株号 2489）、赖氨酸缺陷型（菌株号 405 或 1272）、显微镜、镊子、解剖针、0.5% 次氯酸钠、生理盐水等。

四、实验方法及步骤

1．制备培养基

（1）野生型菌株的培养基（马铃薯培养基）

取马铃薯 1～2 个，将皮剥掉并用清水洗净后，称取 200g，切碎后放入烧杯内，加入适量清水煮沸 30min，用纱布过滤收集马铃薯汁。将收集到的马铃薯汁用蒸馏水稀释至 1000ml，加蔗糖 20g、琼脂 20g，然后将其充分溶解并煮沸。最后将其分装于试管内，把已浸泡过夜的玉米粒 2～3 粒放入到试管内，盖上棉塞，在高压灭菌锅内经 140kPa（20lb）8min 灭菌后，取出摆成斜面，冷却后即可使用。

（2）培养缺陷型菌株的培养基

制作方法与野生型菌株的培养基相同。成分如下：马铃薯 200g，蔗糖 20g，琼脂 18g，配 1000ml 加入 20mg 赖氨酸。

（3）杂交用培养基

用蒸馏水配制 2% 的琼脂，煮沸后分装到试管内 5ml，每支试管内加入 1～2 粒已浸泡 24h 的玉米粒，塞好棉塞盖。在 103kPa（15lb）压力下，灭菌 15 分钟，摆成斜面后备用。

2．菌株的培养

分别将野生型及缺陷型的菌株接种到相应的培养基上进行扩大培养，注意要严格在超净工作台上进行无菌操作，以防细菌和其他真菌的感染（彩图 12-2）。

3．接种杂交

在无菌条件下取野生型和缺陷型的少许菌丝接种到同一试管的杂交培养基上。在杂交培养基中放入一张灭菌的滤纸，分别把两种菌株接在滤纸的两侧以便于杂交成功后收获子囊果。接种结束后，将试管放在 25℃下恒温培养 2～3 周，当出现黑色的子囊果时，应及时进行镜检。野生型的子囊孢子成熟后为黑色，赖氨酸缺陷型的子囊孢子成熟较慢，因而呈灰色或浅灰色。在这过程中一定要经常取材镜检，因为只有发育适中的子囊果便于解剖和观察。

4．结果分析

用解剖针从培养基中的滤纸上挑取颜色较深、个体较大的子囊孢子置于载玻片上，滴加一滴 5% 的次氯酸钠溶液，用解剖针的针尖轻压子囊果，使其破裂将子囊释放出来，盖上盖玻片，在低背显微镜下进行观察统计。

非交换型：① AAAAaaaa；② aaaaAAAA；

交换型：③ AAaaAAaa；④ aaAAaaAA；⑤ AAaaaaAA；⑥ aaAAAAaa。

在观察中还会看到一些特殊类型，如 AAAAAaaa 等，可以用极化子模型进行解释（彩图 12-3）。

5．着丝粒作图

由于在交换类型的子囊中只有半数孢子是通过基因交换形成的，而另一半是未交换类型。但是我们统计的是交换类型的子囊和非交换类型的子囊数目，因此基因交换值的计算按以下公式进行：

交换值＝(交换型子囊数 / 观察到的子囊总数)×1/2×100%

注意：在实验过程中不可将培养物随意丢弃，以免造成对周围环境的污染。所有实验用的培养瓶在实验结束后，经高压灭菌后才可将培养物处理掉。

五、作业及思考题

1. 高等动、植物的有性生殖和基因交换与粗糙链孢霉有什么异同？
2. 根据实验统计结果，绘出粗糙链孢霉 *lys* 基因与着丝粒的连锁图。
3. 什么是极化子模型？
4. 在粗糙链孢霉的杂交过程中应注意哪些问题？

参考文献

[1] 盛祖嘉. 微生物遗传学[M]. 北京：科学出版社，1994.
[2] RUSSELL P J. Genetics[M]. 5th ed. New York: Addition-Wesley，1998.

实验13

植物多倍体诱导及其细胞学鉴定

一、实验目的

1. 通过实验掌握诱导植物多倍体的方法和技术，观察多倍体的特点及染色体加倍后的细胞学表现。

2. 利用染色体分析的方法对多倍体的细胞作出准确判断。

二、实验原理

生物体的细胞核中都有相对稳定的染色体数目，这是物种的基本特征之一。如玉米的体细胞具有20条染色体，人类则具有46条染色体。但是这些细胞核内的染色体并不是杂乱无序的，而是组成一个或多个染色体组（genome），或称基组。在同一染色体组内所有的染色体在形态上以及染色体上携带的基因都不相同，但是它们包含了这一物种最基本的全套遗传物质，并以完整而协调的方式发生作用，构成了完整、协调的基因体系。在进化过程中由于选择压力的影响，这些基因以其平衡、协调的方式与环境相互作用，缺乏染色体组中的任何成分将面临淘汰的危险。

遗传学上，把二倍体个体形成的配子所含有的全部染色体，称为一个染色体组（或基因组），用 n 表示。每个染色体组所包含的染色体数目称为基数（basic number），通常以 x 表示。体细胞核中含有两个染色体组的生物体，称为二倍体（$2n=2x$；例如玉米的20条染色体包含了两个染色体组，$x=10$。两组染色体之间有成对的同源染色体（homologous chromosome），在减数分裂过程中，每对同源染色体的两个成员分到两个子细胞中，因此配子细胞只含有体细胞中两组染色体中的一组。一倍体（monoploid）是指细胞核中具有一个染色体组（$n=x$），而单倍体（haploid）是指其细胞核内所含的染色体数与该物种配子中所含的染色体数目一样。就个体发育而言，生物体生殖细胞是单倍的，但是由于产生配子的生物体的倍性水平不同，配子可以是一倍的也可是多倍的。[1]

多倍体是在细胞中具有3个或3个以上的染色体组的生物体。对于二倍体生物来说，$x=n$，例如可以把玉米的染色体数目记为 $2n=2x=20$。$2n$ 代表体细胞染色体数目，$2x$ 表明这种植物是二倍体，具有两个染色体组。

对于多倍体生物来说，$x\neq n$，例如，对于小麦属（*Triticum*，$x=7$）植物，常用下列方式来表示染色体数目：

一粒小麦 $2n=2x=14$，二倍体

二粒小麦 $2n=4x=28$，四倍体

普通小麦 $2n=6x=42$，六倍体

用 $4n$、$6n$ 来表示倍性水平是不合适的。从严格意义来讲，多倍体生物的配子、合子染色体数目仍分别用 n、$2n$ 表示。

自然界中有许多植物是多倍体的，是变异发生的重要途径之一。多倍体植物在形态上较二倍体的植物个体大，叶片上的气孔也很大，因此很容易辨认[2]。多倍体的研究在育种工作中非常重要，因为利用多倍体可以改良作物的某些经济性状，同时还可利用多倍体克服远缘杂交过程中的障碍。

利用一些诱发因素可以人工诱导植物产生多倍体。这些因素包括物理的因素，如温度的剧变、射线处理等，还有化学因素，如植物碱、植物生长激素等。在众多的化学药品中，秋水仙素是诱导多倍体形成最为有效和常用的药品之一。在适宜浓度的秋水仙素的作用下，它既可以有效地阻止纺锤体的形成，又不至于对细胞发生较大的毒害。因此，当细胞继续分裂后，可以使细胞的染色体数加倍。如果用秋水仙素处理植物的根尖，则在根尖分生区内可检测到大量染色体加倍的细胞，若处理植物幼苗的芽，则可以得到染色体加倍的植株。

三、实验材料及用具

蚕豆、洋葱、小麦种子、小麦幼苗、烧杯、培养皿、恒温水浴锅、纱布、试管、0.2%～0.4% 秋水仙素水溶液、改良苯酚品红染液、搪瓷盘、镊子、剪刀、Carnoy 固定液。

四、实验方法及步骤

1. 蚕豆材料的处理

在盛有蛭石和沙土的花盆内埋入蚕豆种子，在盆内浇适量清水，将花盆放在窗台上阳光充足的地方进行萌发。经常进行观察，4～6 天蚕豆的主根长到 3cm 左右，侧根长到 1～1.5cm 时，将蚕豆取出（图 13-1）。用清水将蚕豆上的泥土冲净，然后放入盛有 0.4% 的秋水仙素水溶液的小烧杯内继续培养 3～4 日，待观察到根尖膨大时取材固定。以在水中培养的蚕豆做对照，进行染色体分析（彩图 13-2）。

图 13-1　萌发后的蚕豆主根和侧根

2. 洋葱的处理

将搪瓷盘的盘口用线绳编织成许多网格，在盘内注入清水。把洋葱的鳞茎洗干净，用刀片将鳞茎上的老根消除，再把其放在搪瓷盘的网格上，使其生根部位恰好接触到水面，在 25℃下培养几日。待新根刚刚长出时，将搪瓷盘内的清水换成 0.4% 的秋水仙素水溶液，用继续在水中培养的洋葱鳞茎作对照。培养几日后，在处理液中培养的根尖明显比对照肥大，此时便可用解剖剪将根尖取下，长度在 1.5cm 左右，放入固定液中固定 24h。然后可按照常规的压片法进行细胞学制片，用显微镜观察计数（彩图 13-3）。

3．小麦种子的处理

先将小麦种子在清水中浸泡 24h，在培养皿内铺上一块纱布，用少许清水将纱布浸湿后将小麦种子放在上面进行培养，当种子刚刚萌发长出 1cm 的根时，将纱布换掉，以 0.4% 的秋水仙素替代清水在 25℃下继续培养，此时要注意及时补充培养皿内的处理液，保证处理液的浓度准确。当长出的根出现膨大时就应及时取材固定。

4．小麦幼苗的处理

在小麦苗的幼芽长到 3～5mm 时，用解剖刀在芽上作一纵切，然后用一浸有秋水仙素溶液的纱布条包在切口处，纱布条的另一端浸在一个盛有秋水仙素水溶液的小烧杯内，烧杯的口用封口膜封好以防处理液蒸发，处理 12h，隔天后再处理一次，然后将幼苗洗净，种到花盆内或大田中。

5．形态观察和细胞学鉴定

比较处理植株与对照的外部形态有什么差异。将叶面的表皮撕下，在显微镜下进行观察，多倍体植株的气孔比二倍体大很多，叶片也比较肥厚。

用根尖压片法制成染色体玻片标本，在显微镜下认真观察和计数，与对照进行对比。

五、作业及思考题

1. 与对照植物相比，处理后的植物有哪些不同特征？
2. 你观察到的被鉴定物种的染色体数目是多少？处理后得到了哪些染色体数目变化类型的细胞？
3. 许多染色体畸变的类型可以通过多倍体传递下去，且多倍体植物对环境具有更强的适应性，为什么？
4. 使用秋水仙素诱导多倍体时应注意哪些问题？

参考文献

[1] THOMAS R M, ROBERT L H. Genetics: laboratory investigations [M]. New Jersey: Prentice Hall Upper Saddle River, 2001.

[2] 邢少辰，蔡玉红，周开达．植物多倍体研究的新进展 [J]．吉林农业科学，2001，26（3）：12-15.

实验 14

小麦花药培养诱导单倍体植株

一、实验目的

1. 了解花药培养的一般方法和技术以及在植物育种工作中的应用。
2. 掌握小麦花药培养诱导单倍体植株的方法，熟练运用组织培养的基本技术。

二、实验原理

单倍体是指生物体具有其配子中染色体数目（n）的个体。自然界中有些生物体是单倍的，如真菌植物的菌丝体时期、藻类中的水绵、苔藓植物中的配子体世代等。高等植物中有些植物在一定的条件下也可以不正常地发生单倍体，如在棉花、玉米、烟草等植物中发现了单倍体。在动物中，雄性蜜蜂是未受精的卵发育成的个体，孤雌生殖的蚜虫也是单倍体的。

植物细胞具有发育上的全能性，即植物体的任何一个细胞在一定条件下都具有发育成一个完整个体的潜在能力。因此用离体培养花药的办法，可以使花药内的花粉发育成完整的植株。不过，这个植株是单倍体的，因为植物的花粉是由花粉母细胞经减数分裂后形成的[1]。单倍体的植物在育种工作中有十分重要的意义：将获得的单倍体植物用秋水仙素加倍后就可以获得纯系，这样可加速基因的纯化进程，从而缩短了育种年限，同时可以有效地利用植物杂种优势。由于单倍体选择的显性方差减少，加性方差增加，因而在同一选择周期中单倍体的选择效率要比二倍体高。单倍体经染色体加倍形成的二倍体纯合植株可以排除显性因子的干扰，隐性基因所控制的性状可以直接得到表现，在育种工作中就可以有效地防止误选。花药培养形成的植物，无论其花药来自 F_1 还是 F_2，其当代植株都表现出极其丰富的多样性。丰富的多样性特征相互交叉构成了多种形态特征的花培株系。因此花培育种不仅可以有效利用植物资源，同时又可获得后代的遗传多样性。

花药培养就是利用植物组织培养技术，将发育到一定阶段的花药经过无菌操作接种到人工培养基上，来改变花药内花粉粒的发育程序，诱导其脱分化，并继续进行有丝分裂，然后经过胚状体或者愈伤组织再分化为完整的单倍体植株。花粉培养诱导分化成苗大致通过两条途径：一是胚状体途径。即花粉粒不断分裂形成细胞团，经过类似胚胎发育的过程形成胚状体，然后直接长出根和芽。如烟草、曼陀罗等。另一种是愈伤组织途径。培养的花药先形成一些无结构的细胞团，将其转移到分化培养基上，逐步分化出根和芽，最后形成完整植株。大多数植物的花药培养是通过这条途径进行的。影响植物花药培养的因素主要有：供体植物的基因型、小孢子的发育阶段、培养基成分和培养条件等[2]。

据不完全统计，目前已经有 300 多种植物采用花药培养的方法获得了单倍体植株。[3]

三、实验材料及用具

小麦穗（京 771 号）、显微镜、超净工作台、高压蒸汽灭菌器、分析天平、剪刀、镊子、容量瓶、酒精灯、酸度计、磁力搅拌器、250ml 锥形瓶、移液管、电炉、烘箱。

四、实验方法及步骤

1．用具的灭菌

将实验中所用的玻璃器皿、解剖工具等清洗干净后，用蒸馏水再冲洗一遍，最后放入烘箱在 120℃高温下灭菌 120min 后备用。

2．培养基的配制

组织培养在很大程度上依赖于培养基的选择，不同的培养基有不同的特点。在实际应用时应根据所用的外植体材料具体做出选择。

（1）母液的配制：本实验采用 W14 培养基作为诱导小麦花药愈伤组织的培养基，诱导分化用的培养基采用 MS 培养基，母液的配制见表 14-1～表14-5。

a. 大量无机盐（10×）

表 14-1　含大量无机盐的母液的配制

大量无机盐 /（10×）	W14 /（g/L 母液）	MS /（g/L 母液）
KNO_3	20	19.0
$NH_4H_2PO_4$	3.8	
$MgSO_4 \cdot 7H_2O$	2.0	3.7
$CaCl_2 \cdot 2H_2O$	1.4	4.4
K_2SO_4	7.0	
KH_2PO_4		1.7
NH_4NO_3		16.5

b. 微量元素（100×）

表 14-2　含微量元素的母液的配制

微量元素 /（100×）	W14 /（g/L 母液）	MS /（g/L 母液）
$MnSO_4 \cdot H_2O$	0.8	2.23
$ZnSO_4 \cdot 7H_2O$	0.3	0.86
H_3BO_3	0.3	0.62
KI	0.05	0.083
$CuSO_4 \cdot 5H_2O$	0.0025	0.0025
$CoCl_2 \cdot 6H_2O$	0.0025	0.0025
$Na_2MoO_4 \cdot 2H_2O$	0.0005	0.005*

* 春麦省略

c. 铁盐（200×）

表 14-3 含铁盐的母液的配制

铁盐 /（200×）	W14 /（g/100ml 母液）	MS /（g/100ml 母液）
$FeSO_4 \cdot 7H_2O$	0.557	0.557
$Na_2EDTA \cdot 2H_2O$	0.746	0.746

d. 有机生长物质

表 14-4 含有机生长物质的母液的配制

有机生长物质	W14 /（mg/L 培养基）	MS /（mg/L 培养基）
甘氨酸	2.0	2.0
盐酸硫胺素（B_1）	2.0	0.4
盐酸吡哆醇（B_6）	0.5	0.5
烟酸	0.5	0.5
肌醇		100

e. 其他添加成分

表 14-5 含其他添加成分的母液的配制

其他添加成分	W14 /（mg/L 培养基）	MS /（mg/L 培养基）
2.4-D	2.0	0.2
激动素	0.5	1
蔗糖	10%	3%

按表 14-1～表 14-5 中成分称取各种药品，配成大量元素、微量元素、铁盐的母液，在大烧杯内以磁力搅拌器将溶液充分混匀后装入试剂瓶，在冰箱内保存。有机生长物质及植物激素每一种单独配成一定浓度的溶液，如可将激动素配成 2mg/ml 的溶液。注意有些药品难溶于水可采用其他溶剂助溶：2.4-D（2,4 二氯苯氧乙酸）先用 1mol/L NaOH 溶解后，再加水至所需浓度。激动素（Kt）又称 N^6- 呋喃甲基腺嘌呤，先用少量 1mol/L HCl 溶解后再加水至所需浓度。

（2）配制培养基：用量筒取大量元素溶液 100ml，微量元素溶液 10ml，铁盐 5ml，按所需浓度加入有机生长物质及植物激素，按标准培养基配方表称取蔗糖，称 15g 琼脂。在一容量瓶内用蒸馏水定溶至 1000ml。将溶液倒入烧杯内，用加热磁力搅拌器将其充分溶解，调节 pH 为 5.8。将培养基分装到锥形瓶内，大约每瓶分装 25ml。用特制的封口纸将锥形瓶封口，在高压蒸汽灭菌锅内灭菌，50kPa（8lb）20min。灭菌完毕后将锥形瓶取出，放在平整的桌面上，待培养基冷却凝固后备用。

3．接种材料的选择

外植体的选用直接关系到实验的成败，一般来说，在花药培养过程中主要受材料及以下几个因素的影响：①基因型：实践表明植物的遗传背景与花药培养关系很大，水稻中籼稻的花粉愈伤组织诱导率只有 1%～2%，而粳稻却为 40%～50%。②生理状态：亲本植株的生理状态与诱导频率有很大的关系，如在大田中生长的植株比在温室中培养的植株花药愈伤组织的诱导频率高。不同季节种植的作物，诱导频率也有差别。③花粉的发育时期：通过花药培养的实践，人们认识到并非任何发育时期的花粉都可以通过离体培养诱导出愈伤组织，只有在一定的发育时期最为有效。小麦、玉米处在花粉发育的单核中期效果最佳，而水稻和曼陀罗的花粉从单核中期到双核早期都可取得良好的效果，不同的植物有一些区别，但总的来说单核期的花粉容易培养成功。

4．取材

从外部形态上看，处在花粉发育单核期的小麦旗叶叶耳距旗叶下一片叶的叶耳距离为10cm，可以取下这样的小麦穗，用改良苯酚品红染液染色作一细胞学镜检，确认一下发育时期。

5．预处理

将合适的材料取回，把叶子剪掉只留下包裹麦穗的叶鞘，将其插入到烧杯的水中，在3～5℃的冰箱中低温处理3～5天。实践表明，经低温处理后的花药可以明显提高诱导频率。

6．接种

用脱脂棉球蘸70%的酒精擦拭叶鞘，在超净工作台内剥取花药，将其接种到W14诱导愈伤组织的培养基上，每个培养瓶内接种20～30个花药。注意在操作过程中严格遵守无菌操作的要求，尽量减少污染。

7．培养

将培养瓶放到26℃的培养箱中进行恒温培养，在诱导愈伤组织阶段可以不加光照。如室温适宜也可直接在室内条件下培养。

8．转移

大约2周后，愈伤组织可长到1.5～2mm，此时应及时把愈伤组织转到MS分化培养基上。将培养瓶放入加有人工照明的26℃恒温培养箱内进行光照培养。

9．移栽

当再生植株长出较为发达的根系后，即可将培养瓶内的植株移栽到土中，可以连同培养基一起转移，尽可能保持原来的生长条件，同时在栽到土壤中的第一周内，应在小苗上罩一大烧杯，以保持湿度。

10．单倍体植株的鉴定

（1）形态鉴定。
（2）细胞学鉴定。

五、作业及思考题

1. 如何解释花药经过培养形成愈伤组织？
2. 单倍体植物的形态及减数分裂有什么特点？
3. 详细记录实验过程，特别是花药在培养中不同时期的特征变化。
4. 统计成苗率，培养的单倍体植株有没有白化苗？为什么？
5. 从花药培养形成植株这一过程可以说明什么遗传学问题？

参考文献

[1] 刘鸿艳，郑成木. 花药培养育种研究进展 [J]. 热带农业科学，2001（1）：61-64.

[2] 郭奕明，杨映根，郭仲琛. 玉米花药培养和单倍体育种的研究新进展 [J]. 植物学报，2001，18（1）：23-30.

[3] LELAND H, LEROY H, MICHAEL L G, et al. Genetics: from genes to genomes [M]. Boston: McGraw Hill, 2000.

实验 15

植物细胞的悬浮培养

一、实验目的

1. 了解植物细胞悬浮培养的基本原理，通过实验掌握植物细胞悬浮培养的方法和技术。
2. 并通过实验练习和巩固无菌操作技术。

二、实验原理

组成植物的各种器官，形态、功能各不相同，但是细究起来，构成这些器官的细胞却都是由同一个细胞（受精卵）经无数次有丝分裂得到的。因此从理论上说，它们的遗传组成应该是相同的，只是在后来的发育过程中，由于某种机制使它们向不同的方向转变（这个过程称为分化，differentiation）。在一定的光温条件下，外植体在特定的人工培养基上可以通过连续的有丝分裂形成一团无序生长的薄壁细胞，称做愈伤组织（callus）。这个过程叫做脱分化（dedifferentiation）。

利用固体琼脂培养基对植物的离体组织进行培养的方法在植物遗传实验中已经得到广泛的应用。但这种方法在某些方面还存在一些缺点，比如在培养过程中，植物的愈伤组织在生长过程中的营养成分、植物组织产生的代谢物质等出现一个梯度分布，而且琼脂本身也有一些不明的物质成分可能对培养物有影响，从而导致植物组织生长发育过程中代谢的改变。而利用液体培养基则可以克服这一缺点，当植物的组织在液体培养基中生长时，我们可以通过薄层振荡培养或向培养基中通气来改善培养基中氧气的供应[1]。

植物细胞的悬浮培养是指将植物细胞或较小的细胞团悬浮在液体培养基中进行的培养，在培养过程中能够保持良好的分散状态。这些小的细胞聚合体通常来自植物的愈伤组织。

一般的操作过程是把未分化的愈伤组织转移到液体培养基中进行培养。在培养过程中不断进行旋转振荡，一般可在100～120r/min的转速下进行。由于液体培养基的旋转和振荡，使得愈伤组织上分裂的细胞不断游离下来。在液体培养基中的培养物是混杂的，既有游离的单个细胞，也有较大的细胞团块，还有接种物的死细胞残渣[2]。

在液体悬浮培养过程中应注意及时进行细胞继代培养，因为当培养物生长到一定时期将进入分裂的静止期。对于多数悬浮培养物来说，细胞在培养到第18～25天时达到最大的密度，此时应进行第一次继代培养。在继代培养时，应将较大的细胞团块和接种物残渣除去。

若从植物器官或组织开始建立细胞悬浮培养体系，包括愈伤组织的诱导、继代培养、单细胞分离和悬浮培养。目前这项技术已经广泛应用于细胞的形态、生理、遗传、凋亡等研究工作，特别是为基因工程在植物细胞水平上的操作提供了理想的材料和途径。经过转化的植物细胞再经过诱导分化形成植株，即可获得携带目标基因的个体。[3]

三、实验材料及用具

水稻种子、超净工作台、高压蒸汽灭菌器、恒温培养箱、磁力搅拌器、恒温空气摇床、镊子、锥形瓶。

四、实验方法及步骤

1．配制培养基

（1）用于诱导水稻愈伤组织的培养基：N6愈伤组织诱导培养基（表15-1）。

表15-1 N6愈伤组织诱导培养基

母液	成分	母液浓度	培养基中的浓度
大量元素（20×）	KNO_3	56.6g/L	2.83g/L
	$(NH_4)_2SO_4$	9.26g/L	463mg/L
	KH_2PO_4	8.0g/L	400mg/L
	$MgSO_4 \cdot 7H_2O$	3.7g/L	185mg/L
	$CaCl_2 \cdot 2H_2O$	3.3g/L	166mg/L
微量元素（200×）	$MnSO_4 \cdot H_2O$	660mg/L	3.3mg/L
	$ZnSO_4 \cdot 7H_2O$	300mg/L	1.5mg/L
	H_3BO_3	320mg/L	1.6mg/L
	KI	160mg/L	0.8g/L
铁盐（100×）	$FeSO_4 \cdot 7H_2O$	2.8g/L	28mg/L
	Na_2EDTA	3.7g/L	37mg/L
维生素（100×）	烟酸	50mg/L	0.5mg/L
	维生素B_1（盐酸硫胺）	10mg/L	0.1mg/L
	维生素B_6（盐酸吡哆辛）	50mg/L	0.5mg/L
	甘氨酸	200mg/L	2.0mg/L
	肌醇	10g/L	100mg/L
蔗糖			30g/L
2.4-D			4mg/L
	琼脂		10g/L
调节pH至5.7			

（2）用于水稻悬浮培养的液体培养基：AA细胞培养基（表15-2）。

表15-2 AA细胞培养基

母液	成分	母液浓度	培养基中的浓度
大量元素（100×）	KH_2PO_4	17.0g/L	170mg/L
	$MgSO_4 \cdot 7H_2O$	37.0g/L	370mg/L
	$CaCl_2 \cdot 2H_2O$	44.0g/L	440mg/L

续表

母液	成分	母液浓度	培养基中的浓度
微量元素（100×）	$MnSO_4 \cdot H_2O$	1.6g/L	16mg/L
	$ZnSO_4 \cdot 7H_2O$	860mg/L	8.6mg/L
	H_3BO_3	620mg/L	6.2mg/L
	KI	83mg/L	830μg/L
	$CuSO_4 \cdot 5H_2O$	2.5mg/L	25μg/L
	$Na_2MoO_4 \cdot 2H_2O$	25mg/L	250μg/L
	$CoCl_2 \cdot 6H_2O$	2.5mg/L	25μg/L
	KCl		2.94g/L
铁盐（100×）	$FeSO_4 \cdot 7H_2O$	2.8g/L	28mg/L
	Na_2EDTA	3.7g/L	37mg/L
维生素（100×）	烟酸	50mg/L	0.5mg/L
	维生素 B_1（盐酸硫胺）	50mg/L	0.5mg/L
	维生素 B_6（盐酸吡哆辛）	10mg/L	0.1mg/L
	肌醇	10g/L	100mg/L
氨基酸（20×）	谷氨酰胺	17.7g/L	877mg/L
	天冬氨酸	5.32g/L	266mg/L
	精氨酸	4.56g/L	288mg/L
	甘氨酸	1.50g/L	75mg/L
蔗糖			20g/L
2.4-D			2.0mg/L
调节 pH 至 5.8			

按照培养基配方取各种药品，最后用蒸馏水定溶到所需体积。所配制的培养基经高压蒸汽灭菌后备用，固体琼脂培养基分装在 250ml 的锥形瓶内，每瓶约分装 30ml。

2．水稻种子的消毒

（1）将种子置于无菌的培养皿内，以 95% 的乙醇消毒 1～2min。
（2）取出后用无菌水冲洗 2～3 遍。
（3）将种子放入 2.5% 的次氯酸钠溶液中轻轻摇动后，浸泡 60min。
（4）取出后用无菌水冲洗，将次氯酸钠溶液充分洗净。

3．接种

在超净工作台内，将灭菌后的水稻种子接到诱导愈伤组织的固体培养基上，每个培养瓶接 5～10 粒种子。接种完毕后用封口膜将培养瓶封好，放在 26℃的恒温培养箱中进行黑暗培养。

4．悬浮培养（彩图 15-1）

当得到愈伤组织后，将其转入到 AA 液体培养基中。注意愈伤组织块应小于 3mm，若组织块较大可用无菌解剖刀将其分割成小块。液体培养基分装在 250ml 的锥形瓶内，接种完毕后将瓶口用封口膜封好，把培养瓶放到恒温摇床上进行振荡培养。调整摇床的旋转速度，使之为 120r/min。培养温度为 26℃，在黑暗中培养。

5. 悬浮培养物的保持

进行悬浮培养后要不断进行观察，由于培养物的继代培养与培养瓶内培养物的密度及细胞生长速度有关，因此当发现培养瓶中培养物密度较大时，及时用无菌的吸管吸取部分培养物到一新的 50ml 培养基中继续培养。同时还要及时淘汰一些大的组织团块和黄褐色的坏死组织。一般每隔 4～7 天就要继代培养一次。

五、作业及思考题

1. 什么是细胞分化和脱分化？
2. 记录和描述你所诱导培养的愈伤组织的特点。
3. 得到分散良好悬浮系后，利用血球记数板统计细胞密度。
4. 总结本实验成功的关键因素。

参考文献

[1] 於凤安，申宗坦. 水稻悬浮培养细胞在固体和液体培养下的形态发生 [J]. 安徽农业大学学报，1994（2）：157-160.

[2] 刘天伦，贾勇炯. 水稻花粉悬浮培养及其在育种上的应用 [J]. 四川大学学报，1995（2）：195-199.

[3] 曹孜义，刘国民. 实用植物组织培养技术教程 [M]. 兰州：甘肃科学技术出版社，1996.

实 验 16

DNA 的酶切与连接

一、实验目的

1. 了解 DNA 限制性内切酶和连接酶的作用原理。
2. 掌握利用限制性内切酶进行 DNA 消化和片段连接的方法和技术。

二、实验原理

DNA 限制性内切酶和连接酶是遗传工程中实现 DNA 的切割和重组的重要工具酶，也是基因工程技术赖以生存的基础。限制性内切酶是一类专门切割 DNA 的核酸内切酶，一般分为三大类。但因为其中Ⅰ类和Ⅲ类酶因其识别与切割位点不在同一部位，且切割产物无特异性，发挥酶切活性需要较多的辅助因子，故在分子克隆中不常用。通常所指的限制性内切酶为Ⅱ类酶，识别双链 DNA 分子上的特异序列，多为回文结构，并使两个特定核苷酸之间的磷酸二酯键断裂，从而将 DNA 剪切成特定的片段。其发挥作用只需要辅助因子 Mg^{2+}。限制性内切酶切割形式有两种，可产生具有突出单链 DNA 的黏性末端，以及末端平整无凸起的平滑末端。具有平末端的 DNA 片段不易环化。目前已经从微生物中发现了大量的限制性内切酶，其中大部分可以切割 DNA 形成黏性末端。如 *Eco* RI 可以识别 6 个碱基的序列：

```
         ▼
5′------GAATTC------3′
3′------CTTAAG------5′
              ▲
```

切割后形成的片段：

```
5′------G    AATTC-------3′
3′------CTTAA    G-------5′
```

除了标准的Ⅱ类酶，一种新型的Ⅱs 型核酸限制性内切酶随后被发现。Ⅱs 酶在其不对称识别序列的一侧的一定数目的碱基处造成 DNA 双链的断裂。如 *Bsa* I 可识别六个碱基的序列：

```
                  ▼
5′----- GGTCTC（N）1------ 3′
3′------CCAGAG（N）5------ 5′
                  ▲
```

切割后所得片段的黏性末端可以具有片段序列特异性，这一特点在进行多片段拼接克隆时可以避免每个片段都需要设计不同的酶切位点及胶回收的操作，大大提高了工作效率。

当限制性内切酶作用于 DNA 时可以形成的酶切片段数为：

片段数目＝切点数＋1（线状 DNA）

片段数目＝切点数（环状 DNA）

切点出现的频率为 $1/4^S$（S 为识别顺序所含的碱基数目）。

在实际操作过程中，影响限制性内切酶反应的因素有很多，如酶反应温度，反应体系的离子浓度及 pH，酶底物 DNA 的纯度及甲基化程度以及酶反应时间等。每种酶的具体特性要求都会有相应试剂说明书，用前需仔细阅读。

核酸限制性内切酶将 DNA 分子切割成不同大小的片段，若想将不同来源的 DNA 分子组成新的重组 DNA 分子，还必须将它们彼此连接并封闭起来。常用的连接酶是 T4 噬菌体 DNA 连接酶，将一个 DNA 片段的 5′-P 和另一个片段的 3′-OH 连接形成磷酸二酯键。体外连接技术有两大类：一种是 DNA 连接酶直接将切开的 DNA 片段连接起来，此时需要接口两端具有磷酸根。对黏性末端及平末端都可以进行连接，但是平末端连接的效率会低很多。第二种是先用末端脱氧核苷酸转移酶给平末端加上 poly（dA）-poly（dT）尾巴或在末端加上化学合成的接头形成黏性末端后，再用 DNA 连接酶将它们连接起来。

在基因工程中，十分常用的一种方法是用同一种限制性内切酶分别切割目标 DNA 和载体，然后利用 T4 DNA 连接酶将目标序列整合到载体中，使 DNA 中的 3′-OH 与 5′-P 生成磷酸二酯键。但这种方法的一个主要缺陷是在连接反应物中，载体可能发生自身环化，产生很多假阳性。通常会使用细菌或小牛肠的碱性磷酸酶（BAP 或 CIP）预先处理线性化的载体 DNA，移除其末端的 5′ 磷酸基团。在连接反应中，载体自身的两个末端就不会形成共价键连接起来，而插入片段未进行去磷酸化处理，可以保证其能和载体的 3′-OH 共价连接，以此来降低假阳性背景。若使用双酶切，则可有效避免这类问题。[1~4]

近些年，分子克隆技术得到进一步优化发展，人们开发出如 SLIC/Gibson/CPEC/SLiCE 等方法。这些方法实现了步骤简化的、不依赖于序列特异性的、可多片段的 DNA 组装。下面以 Gibson 方法为例，简要介绍其作用原理（图 16-1）。

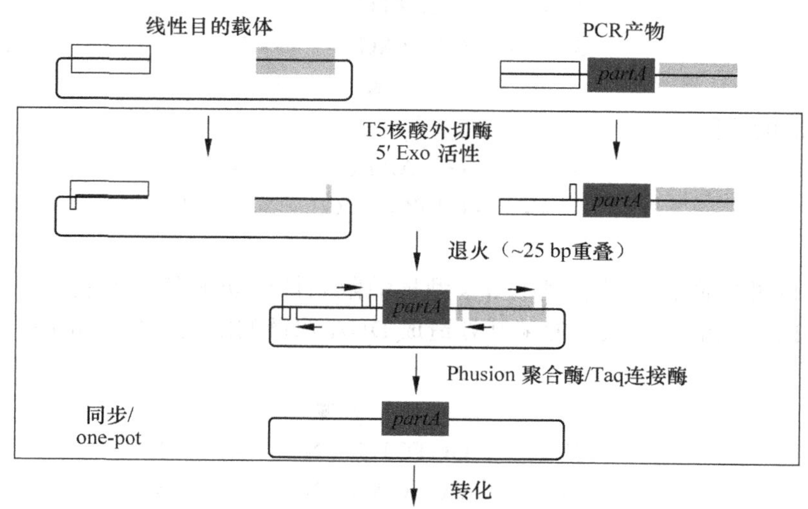

图 16-1　Gibson DNA 组装原理

首先利用 PCR 等方法在载体及插入序列两端添加一段同源臂，将这些待组装的线性 DNA 加入到 Gibson 组装反应体系中。体系中含有 T5 核酸外切酶，能从 5′ 向 3′ 方向切割双链 DNA，使其两端单链化。因载体和插入序列两端同源，产生的两端单链 DNA 可进行互补退火。然后聚合酶能使 DNA 从 3′ 向 5′ 延伸，填补重组双链的缺口；连接酶则将重组双链完全封闭，形成完整的重组 DNA。该方法较传统方法具有显著优势：它能一步实现 DNA 的组装，十分简便；50℃的反应温度能相对减少尾部单链 DNA 形成的二级结构对 DNA 拼接的影响；可以同时实现多片段的拼接。虽然因成本等问题，其应用受到一定的限制，但其在进行大规模 DNA 操作时具有优势，使之在合成生物学领域获得广泛应用。[5, 6]

三、实验材料及用具

电泳仪、恒温水浴锅、紫外检测仪、微量移液器、Eppendorf 离心管（EP 管）、10× 酶切反应缓冲液、T4 DNA 连接酶缓冲液、溴酚蓝指示液、EB 电泳缓冲液、PBR322 质粒 DNA、pXZ6 质粒 DNA、λ 噬菌体 DNA、DNA Marker、*Eco* RI、*Hin* dⅢ。

四、实验方法及步骤

1. λ DNA 的酶切和电泳检测

λ 噬菌体基因组 DNA 大约长 50kb，是一种线状双链 DNA。由于 λ DNA 的特点以及可以便利地从生化试剂公司得到商业化的产品，因此十分适用于遗传分析实验。

（1）用微量移液器吸取 12μl（1.5μg）λ DNA 并转入到 0.5ml 的 Eppendorf 离心管内。

（2）加入 1.5μl 10× 酶切缓冲液，并在旋涡振荡器上混匀。注意：不同的限制性内切酶需要不同的酶切缓冲液，一定要正确。

（3）向离心管内加入 1.5μl（1U/μl）限制性内切酶，分别为 *Eco* RI，*Eco* RI & *Hin* dⅢ，*Hin* dⅢ，双酶切时分别加入 1μl 的限制性内切酶，充分将其混匀。

（4）在 37℃水浴中作用 1h。

（5）1h 后，从水浴中取出离心管。进行琼脂糖凝胶（20.0g/L 琼脂糖）电泳检测。观察并照相记录实验结果。

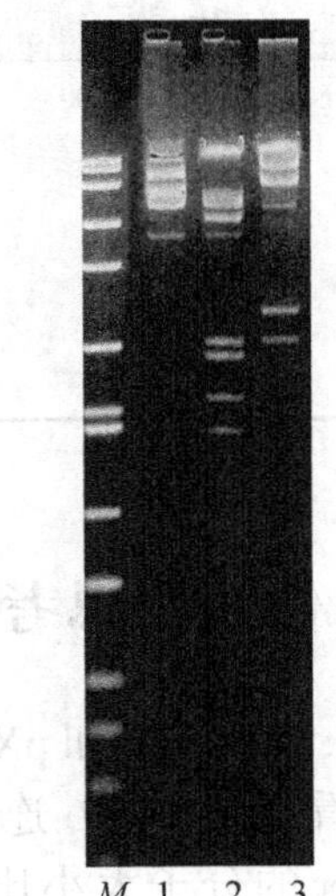

图 16-2　限制性内切酶切割 λ 噬菌体 DNA 电泳检测
依次为 DNA Marker、*Eco*RI、*Eco*RI & *Hind*Ⅲ、*Hind*Ⅲ

2. 质粒 DNA 的酶切与重组

质粒 pBR322 的 DNA 分子中有一个 *Eco* RI 的酶切位点，因此可以产生 4.3kb 的线性片段。而质粒 pXZ6 的 DNA 分子中却有两个 *Eco*RI 的酶切位点，因此可以切割为 9.1kb 和 5.4kb 的 2 个线性片段。因此在适当的条件下，用 *Eco*RI 同时作用于这 2 种质粒，将产生互补的黏性末端。在 T4 DNA 连接酶的作用下，可以将具有黏性末端的分子连接成重组 DNA 分子，进而形成重组的环状 DNA 分子。

（1）用微量移液器吸取无菌 ddH_2O 14.8μl，10× 高盐缓冲液 2.2μl，*Eco* RI 1μl（1 Unit），pBR322 DNA 4μl（1μg），放入 0.5ml Eppendorf 离心管内，充分混匀。同时在另一离心管中

加入 ddH_2O 20.4μl，10× 高盐缓冲液 2.6μl，pXZ6 DNA 2μl（1.5μg），*Eco*RI 1μl（1 Unit），充分混匀。

（2）在37℃水浴中作用1～2h。可取少量反应液进行电泳，检测酶切效果。

（3）终止酶切反应，根据检测结果，将离心管转入65℃水浴15min即可终止。

（4）在一新的离心管内加入上述2种质粒的酶切反应液各18μl，10×T4 DNA连接酶缓冲液4μl，T4 DNA连接酶1μl，充分混匀。

（5）在16℃培养箱内保温过夜。

（6）次日，以酶切反应液做对照，对连接产物（取8μl）进行电泳检测。观察并照相，记录结果。

3．反应体系配方

（1）10×*Eco*RI 反应缓冲液（表16-1）。

（2）10×*Hin*d Ⅲ反应缓冲液（表16-2）。

（3）10×T4 DNA 连接酶缓冲液（表16-3）。

表16-1　*Eco*RI 反应缓冲液

配方	含量
Tris·HCl（pH 7.5）	50mmol/L
NaCl	100mmol/L
$MgCl_2$	10mmol/L
DDT	1mmol/L
BSA	1mg/mL

表16-2　*Hin*d Ⅲ反应缓冲液

配方	含量
Tris·HCl（pH 7.5）	100mmol/L
NaCl	50mmol/L
$MgCl_2$	10mmol/L
DDT	1mmol/L
BSA	1mg/mL

五、作业及思考题

1. pBR322和pXZ6的酶切电泳图上分别可以看到几条带？连接产物电泳图呢？根据与Marker的分子大小比较，判断每个DNA条带的大小、存在状态和产生原因。

2. 质粒DNA的重组有什么生物学意义？

3. 在对某载体进行酶切处理后（单酶切或双酶切），产生两个大小片段A（9Kb）、B（200bp），怎样有效避免A、B重新连接导致假阳性？

表16-3　DNA连接酶缓冲液

配方	含量
Tris·HCl（pH 7.5）	500mmol/L
$MgCl_2$	50mmol/L
DDT	50mmol/L
ATP	10mmol/L
BSA	0.5mg/mL

注意：从试剂厂商购得的限制性内切酶都配有适当的酶切缓冲液，应仔细阅读使用说明书。

参考文献

［1］THOMAS R M，ROBERT L H. Genetics: laboratory investigations［M］. New Jersey: Prentice Hall Upper Saddle River, 2001.

［2］卢圣栋. 现代分子生物学实验技术［M］. 北京：高等教育出版社，1993.

［3］吴乃虎. 基因工程原理［M］. 北京：科学出版社，1998.

［4］孙树汉. 基因工程原理和方法［M］. 北京：人民军医出版社，2001.

［5］GIBSON D G. Enzymatic assembly of overlapping DNA fragments［J］.Methods in Enzymology, 2011, 498: 349-61.

［6］GIBSON D G，YOUNG L，CHUANG R Y，et al. Enzymatic assembly of DNA molecules up to several hundred kilobases［J］. Nature Methods, 2009,6(5): 343-345.

实验 17

聚合酶链式反应

一、实验目的

1. 掌握聚合酶链式反应（polymerase chain reaction，PCR）的基本原理。
2. 了解常用的 PCR 衍生技术生物学领域中的应用。

二、实验原理

聚合酶链式反应，作为遗传和分子分析的根本基石，是用于在体外扩增特定 DNA 片段的快速方法。像其他分子克隆技术一样，PCR 方法使许多以前难以进行的实验在短时间内即可完成。其特点是利用耐热的 DNA 聚合酶，将引物和目标 DNA 混合，经过高温变性、低温退火和适温延伸 3 个过程进行周期性循环，在短时间内大量扩增目标 DNA（彩图 17-1）。PCR 用于扩增 2 段已知序列之间的 DNA 区段，设计上十分简单，并且有着广阔的应用前景。

参与 PCR 反应的有 3 个核苷酸片段，一段待扩增的双链 DNA 模板以及位于其两端的单链寡聚核苷酸引物；此外还有 1 个蛋白复合物（DNA polymerase）、合适浓度的脱氧核苷三磷酸（dNTP）、维持 pH 的缓冲液和阳离子。一般情况下，对于待扩增的 DNA 来说，加入的引物量是过量的。这两段核苷酸引物的序列分别和模板的两条链上的一段序列相互补，且位于待扩增片段两端，从各自 5′ 向 3′ 端延伸。引物的延伸需要 3′ 末端和模板完全匹配，5′ 端则不需要，所以在做 PCR 克隆时通常在引物 5′ 端引入酶切位点。

理想中的 PCR 应该是特异、高效、保真的，但实际上 PCR 反应受到很多因素的影响。模板变性温度由其 GC 含量决定，GC 含量越高，变性温度也越高。有研究表明，一些添加剂如 DMSO，能有效地提高富含 GC 模板的扩增效率，抑制剂如蛋白酶 K、苯酚、EDTA 等则会抑制 PCR 反应。PCR 循环数过大会导致非特异性扩增。此外，引物的质量是决定 PCR 成败的关键。引物中与模板互补的区域应该为 18～25 个核苷酸长度，上下游引物的退火温度（T_m）不能相差太大。引物的 3′ 末端不允许结合到另一引物的任何位点，否则会导致引物二聚体的形成，与模板的扩增形成竞争。引物中不能出现 3bp 以上的反向重复序列及互补序列，否则易形成发夹结构，影响引物与模板的结合，进而影响 PCR 的效率。

经过几十年的发展，PCR 技术得到很大发展，有很多的衍生技术，例如用来分析目的基因表达强弱的反转录 PCR（RT-PCR），用来扩增已知序列两端的未知序列的反向 PCR，同时扩增目的 DNA 的不同片段的多重 PCR，利用对照估计特异靶点的相对含量的定量 PCR 技术以及 PCR 介导的定点诱变技术等。其中定量 PCR（q-PCR）与普通 PCR 相比，其灵敏度高，需样品少，特异性高并能精确定量。目前常用的定量 PCR 是通过 PCR 扩增过程收集荧光信号来定量体系中的 DNA 或 RNA 的起始拷贝数的。根据 q-PCR 的化学发光原理，分为两大类：一类利用可与特异性序列杂交的被标记的探针来指示扩增产物的增加；一类通过荧光染料（例如 SYBR Green I）来标示产物的增加。下面以 SYBR Green 法为例介绍其定量原理。SYBR Green I 是一种可以结合在双链 DNA 小沟且不影响 PCR 扩增效率的染料。当其与 DNA 结合后将会发射荧光信号，而游离的染料分子不会发出荧光，从而保证了荧光信号的增强和 PCR 产物的增加完全同步。因为 SYBR Green I 与 DNA 的结合不存在序列特异性，对于非特异扩增产物或引物二聚体都会产生荧光，通常背景很高。但也因其能和所有双链 DNA 结合，通用性好，且价格较低，在国内外科研中使用十分普遍。

在荧光定量 PCR 中，C_t 值是很重要的概念。C_t 值是荧光值达到阈值时的 PCR 的循环次数，是一个没有单位的参数。而阈值是可以调节的，只需处于指数扩增期。C_t 与起始模板数 X_0 满足以下方程：$C_t=-k\lg X_0+b$。C_t 越大表明起始模板量越少。分析定量的时候 C_t 一般为 15～35，太大或太小都会导致定量不准确。样品定量可分绝对定量和相对定量。绝对定量是用一系列已知浓度的标准品制作标准曲线。在相同条件下，目的基因测得的荧光信号与标准曲线进行比较，进而得到目的基因的量。常用的相对定量的方法是通过与内参基因 C_t 值之间的差值来计算基因表达差异，即 $2^{-\Delta\Delta C_t}$。因为定量 PCR 的灵敏度很高，对实验重复性、PCR 扩增效率要求很高，在具体实验时需要通过调整模板浓度、优化引物质量等来提高数据可信度。

本实验是通过 PCR 的方法，从恶臭假单胞菌的基因组中扩增编码（*R*)-3-hydroxydecanol-ACP：CoA transacylase 的基因 *pha*G 基因片段，该基因编码将脂肪酸从头合成途径与聚羟基脂肪酸酯合成途径相耦联的关键酶，该酶由德国 A.Sterinbchel 教授等确认，清华大学生命科学学院的陈国强教授等人对该酶进行了进一步的研究。由于该基因在假单胞菌中广泛存在且具有相当高的保守性，所以也可以用其他假单胞菌基因组为模板，进行 *pha*G 基因的克隆。

三、实验材料及用具

微量移液器、PCR 仪、200μl PCR 专用管、TaKaRa ExTaq 试剂盒、无菌双蒸水、引物、琼脂糖、TAE 缓冲液、EB。

四、实验方法及步骤

1．引物合成

上游引物 F：5′-GGTTCTAGACTGCAGGAGTCGATGACATGAGGC-3′

下游引物 R：5′-TCCAAGCTTCCCGGGCTCAGATGGCAAATGCATG-3′

上游引物含有 *Xba* I 和 *Pst* I 的位点，下游引物含有 *Sma* I 和 *Hin*d Ⅲ的位点。引物由专门的公司合成。

2．制备模板

从恶臭假单胞菌单菌落的 LB 平板上挑取单菌落于 25μl 无菌双蒸水中，漩涡震荡均匀。在 95℃水浴中保存 10min 或煮沸 10min，离心，取上清液即为菌液粗裂解液，可用于 PCR

反应的模板。

3．PCR 反应体系（表 17-1）

表 17-1 PCR 反应体系的构成

配方	含量 /μl
无菌双蒸水	14.5
10× 反应缓冲液（TaKaRa）	2.5
dNTP 混合液（TaKaRa）	2.0
菌液粗裂解液	5.0
上游引物 F（20μmol/L）	0.25
下游引物 R（20μmol/L）	0.25
Ex Taq	0.5

4．反应条件

94 ℃预变性 10min：使模板完全变性；

94℃变性 30s，60℃退火 30s，72℃延伸 1min，重复 30 个循环；

在 72℃条件下保存 7min：使 PCR 产物延伸完全；

在 4℃条件下保存。

5．反应产物的检测

采用 10g/L 的琼脂糖凝胶电泳检测。PCR 反应产物大约为 920 个碱基对，电泳结果如彩图 17-2 所示。

五、作业及思考题

1. 详述 PCR 的反应原理，试说明 PCR 反应在定点诱变中的作用。
2. PCR 反应体系中哪些量是可以更改的？根据什么情况更改？为什么？

参考文献

［1］奥苏贝尔 F，金斯顿 R E，塞德曼 J G，等. 精编分子生物学指南［M］. 王海林，译. 北京：科学出版社，1998.

［2］卢圣栋. 现代分子生物学实验技术［M］. 北京：高等教育出版社，1993.

［3］吴乃虎. 基因工程原理［M］. 北京：科学出版社，1998.

［4］孙树汉. 基因工程原理和方法［M］. 北京：人民军医出版社，2001.

［5］萨姆布鲁克 J，弗里奇 E F，曼尼阿蒂斯 T. 分子克隆实验指南［M］. 金冬雁，黎孟枫，译. 2 版. 北京：科学出版社，2002.

［6］刘祖洞，江绍慧. 遗传学实验［M］. 北京：高等教育出版社，1987.

［7］卢龙斗，常重杰. 遗传学实验技术［M］. 北京：中国科技大学出版社，1996.

实验 18

羟自由基诱导肿瘤细胞凋亡的检测

一、实验目的

1. 通过实验了细胞凋亡的一般过程和形态特征，了解诱导细胞凋亡的因素。

2. 学习和了解细胞凋亡检测的常规手段，掌握利用梯状 DNA 电泳法鉴定细胞凋亡的方法。

二、实验原理

细胞凋亡是多细胞生物体在发育过程中或在某些环境因子作用下发生的受基因调控的主动的死亡方式。对于生物体的正常发育、自稳平衡及多种病理过程具有极其重要的意义。细胞凋亡（apoptosis）的概念最早由克尔（Kerr J.F.R.）于 1972 年提出，当时用来描述某些类型的细胞在一定的生理或病理条件下，遵循自身的程序，主动地结束其生命，最终脱落离体或裂解为若干凋亡小体（apoptotic body）而被其他细胞所吞噬的过程。细胞凋亡的主要特征包括染色质凝集、质膜出芽、核裂解及凋亡小体的形成；DNA 特异性降解成 180～200bp 或其整数倍片段，通过凝胶电泳形成梯状条带，称为 DNA Ladder；由于 DNA 特异性降解而产生大量 3′-OH 末端，可被末端脱氧核糖核酸转移酶介导的 dUTP 缺口末端原位标记法［（terminal dexynucleotidyl transferase（TdT）- mediated dUTP nick end labeling，TUNEL）］标记，从而产生亮绿色荧光等。1980 年，怀利（Andrew Wyllie）在研究糖皮质激素诱导胸腺细胞凋亡时发现内源性核酸内切酶活化及其引起的一系列形态学和生物化学方面的变化，提出了细胞程序化死亡（programmed cell death，PCD）的概念。细胞程序性死亡通常采取细胞凋亡的形式，因此严格地讲细胞凋亡和程序性死亡并不是同一概念。凋亡主要是形态学方面的含义，而程序性死亡则侧重于功能方面，但是通常人们并未加以严格区分而将这两个概念等同使用。

细胞凋亡是多种生理、病理因子参与的由凋亡相关基因启动的细胞程序性死亡过程，其中由氧应激产生大量活性氧（reactive oxygen species，ROS）以及继发性细胞损伤过程在细胞凋亡中起着重要作用，如电离辐射或紫外线照射产生大量活性氧自由基 H_2O_2、·OH 等造成的细胞凋亡。有关活性氧诱导细胞凋亡的详细分子机制尚未阐明，部分学者根据一些实验提出了相关的假说进行解释。

人工诱导细胞凋亡所使用的·OH 可以通过芬顿（Fenton）反应得到，即使用 Fe^{2+} 与 H_2O_2 反应而生成。一般在实验室中，采用一定浓度的 $FeSO_4$ 与 H_2O_2 进行。该反应经顺磁共振（electron paramagnetic resonance，EPR）证实可以在 30min 内持续稳定地产生·OH。[1~3]

三、实验材料及用具

海拉（Hela）细胞系、普通光学显微镜、荧光显微镜、载玻片、盖玻片、细胞培养瓶、生理盐水、电泳仪、高速离心机、紫外检测仪、超净工作台、二氧化碳培养箱、恒温水浴锅、细胞计数器、DMEM 培养基（GIBCO 公司）、溴酚蓝指示液、台盼蓝染色液（Trypan blue，2% 生理盐水配制）、DAPI 染料（4，6-diamidino-2-phenylindole，Sigma 公司）、TUNEL 检测试剂盒（Boehringer Mannheim 公司）、青霉素、链霉素、RNase A、硫酸亚铁（$FeSO_4$）、过氧化氢（H_2O_2）、50×TAE 缓冲液、PBS 缓冲液、裂解液等。

四、实验方法及步骤

（一）细胞培养

在 DMEM 高糖培养基中培养海拉细胞，接种密度为 1×10^4 个 /ml。培养基含有 10% 的胎牛血清，100U/ml 青霉素，100μg/ml 链霉素。细胞在 37℃和 5% CO_2 的条件下培养，定期观察传代。当细胞生长到对数期时进行诱导凋亡的实验。

（二）细胞凋亡的诱导

培养的细胞处于对数生长期时，在无菌操作台内将一定浓度的 $FeSO_4$ 与 H_2O_2 加进培养瓶。细胞处理的参考浓度如表 18-1 所示。

表 18-1　对照组与处理组 $FeSO_4$、H_2O_2 浓度对比

组别	$FeSO_4$/（μmol/L）	H_2O_2/（μmol/L）
对照组	0	0
处理组 1	100	300
处理组 2	100	600
处理组 3	100	900

（三）细胞凋亡的检测

1．台盼蓝染色检测细胞死亡率

因为生活状态的细胞，其细胞膜结构完整，所以台盼蓝染料分子不能进入细胞内部，在光学显微镜下观察细胞不着色，而坏死细胞的细胞膜出现破裂或细胞膜通透性提高，台盼蓝染料可以进入细胞内部，因此死亡的细胞呈蓝色。细胞在凋亡过程中膜系统保持完整，因此台盼蓝染色时细胞保持无色。

方法：将培养的海拉（HeLa）细胞取出，加 2～3 滴细胞悬液于干净的载玻片上，滴加 1 滴台盼蓝染色液，染色 1min 后即可在显微镜下观察。选定细胞分散良好的视野，进行细胞死亡率的统计。

细胞死亡率＝死亡的细胞数目/统计的所有细胞数目

2．DAPI 荧光检测

利用 DAPI 染料与细胞核内 DNA 的结合，在紫外光的激发下发出荧光，因而在荧光显微镜下可以检测细胞核形态的变化。

（1）将生长在盖玻片（预先用 1mg/ml 多聚赖氨酸处理）上的细胞进行 Fe^{2+}/H_2O_2 的诱导。

（2）用预冷的 D-Hanks 液洗两遍。

（3）用甲醇固定 30min。

（4）用 D-Hanks 液洗一遍。

（5）加入 1μg/ml DAPI 染料染色 30min。

（6）在荧光显微镜下，在紫外线（UV）波段进行荧光检测观察（彩图 18-1）。

3．TUNEL 检测（末端脱氧核糖核酸转移酶介导的 dUTP 缺口末端标记检测）

由于凋亡细胞启动了内源的核酸内切酶在核小体间进行切割，因此其 DNA 产生了大量的 3′-OH 末端，在末端脱氧核糖核苷酸移换酶的作用下，通过催化 dUTU 的聚合而结合在裸露的 3′-OH 上，经荧光素标记后，在显微镜下进行观察，TUNEL 反应阳性的细胞发出亮绿色的荧光，而正常的或坏死的细胞很少产生 3′-OH 末端，因此呈阴性。

（1）将生长在盖片上的细胞经不同浓度的 $FeSO_4$ 和 H_2O_2 处理后，用预冷的 D-Hanks 液洗涤 2 遍。

（2）用新配制的 4% 的多聚甲醛（溶于 D-Hanks 中，pH7.4）在室温下固定 30min，然后用 D-Hanks 液洗涤 3 遍。

（3）在预冷的穿透液中渗透 2min 后，用 D-Hanks 液洗涤 3 次。

（4）加入 50μl TUNEL 反应混合液（5μl 末端转移酶和 45μl 荧光标记的核酸混合液）在 37℃下于湿盒中反应 60min。

（5）用 D-Hanks 液洗三遍后，用 1∶1 的甘油 -PBS 封片，在荧光显微镜下进行观察，照相记录（彩图 18-2）。

4．DNA Ladder 的检测

在细胞凋亡过程中，由于限制性内切酶被激活，细胞核 DNA 在核小体间发生特异性降解，形成 180～200bp 或其整数倍的片段，经过琼脂糖凝胶电泳后呈现出梯状条带，即 DNA Ladder，这一现象被视为细胞凋亡发生与否的典型特征。

（1）收集经处理、培养的细胞，用预冷的 D-Hanks 液洗涤 3 遍。

（2）以 500*g* 转速离心 10min，去掉上清液。

（3）在沉淀中加入预冷的裂解缓冲液，使细胞充分悬浮，然后在冰上裂解 90min。

（4）以 1200*g* 转速离心 10min。

（5）将上清液转移到另一 Eppendorf 离心管中，加入等体积的酚 / 氯仿，并充分混匀，在 4℃下放置 1h。

（6）以 10000*g* 转速离心 30s。

（7）将液相转移到一新的 Eppendorf 离心管中，加入终浓度为 2mol/L 的醋酸氨和两倍体积的无水乙醇，在－20℃下静置过夜。

（8）以 12000*g* 转速离心 10min。

（9）真空干燥后，加入 50μl 无菌水溶解 DNA。

（10）加入 RNaseA（终浓度为 1mg/ml），在 37℃条件下消化 1h。

（11）取 20μl 样品与上样缓冲液按 5∶1 进行混合，以 1.5% 的琼脂糖电泳（凝胶中含有终浓度为 0.5μg EB/ml），电泳条件为 1×TAE 缓冲液，电压 5V/cm，当溴酚蓝指示液移出 3～4cm 时停止电泳，在紫外检测仪中进行观察和照相记录（彩图 18-3）。注意：EB（溴乙啶）有毒，应妥善处理使用过的琼脂糖凝胶和自我防护。

五、作业及思考题

1. 什么是细胞凋亡（apoptosis）？细胞凋亡与细胞坏死（necrosis）有什么区别？
2. 研究细胞凋亡与人类健康有什么联系？
3. 根据本实验结果统计和计算不同处理情况下的死亡率和凋亡率，找出诱导细胞凋亡效率较高的处理浓度。

参考文献

[1] KERR J F, WYLLIE A H, CURRIE A R. Apoptosis: a basic biological phenomenon with wide-ranging implications in tissue kinetics[J]. British Journal of Cancer, 1972, 26(4): 239.

[2] MANDAL M, MAGGIRWAR S B, SHARMA N, et al. Bcl-2 prevents CD95 (Fas/APO-1)-induced degradation of lamin B and poly(ADP-ribose) polymerase and restores the NF-kappaB signaling pathway[J]. Journal of Biological Chemistry, 1996, 271(48): 30354-30359.

[3] GAVRIELI Y, SHERMAN Y, BENSASSON S A. Identification of programmed cell death in situ via specific labeling of nuclear DNA fragmentation[J]. Journal of Cell Biology, 1992, 119(3): 493-501.

附录

附录Ⅰ D-hanks 原液

表 18-2 D-hanks 原液配制

配方	含量
NaCl	80.0g
$Na_2HPO_4 \cdot 2H_2O$	0.6g
KCl	4.0g
KH_2PO_4	0.6g
三蒸水	1000ml

附录Ⅱ D-hanks 工作液

表 18-3 D-hanks 工作液配制

配方	含量 /ml
D-Hanks 原液	100
三蒸水	896
0.5% 酚红液	4

附录Ⅲ　PBS 缓冲液（pH7.4）

表 18-4　PBS 缓冲液（pH7.4）配制

配方	含量	备注
K_2HPO_4	1.392g	用 0.01mol/L KOH 调节 pH 至 7.4
NaCl	8.770g	
$NaH_2PO_4 \cdot H_2O$	0.276g	
蒸馏水	定容至 1000ml	

附录Ⅳ　50×TAE 缓冲液

表 18-5　50×TAE 缓冲液配制

配方	含量	配方	含量
Tris 碱	242g	冰醋酸	57.1ml
0.5mol/L EDTA	100ml	蒸馏水	定容至 1000ml

附录Ⅴ　0.5mol/L EDTA

表 18-6　0.5mol/L EDTA 配制

配方	含量	备注
$Na_2EDTA \cdot 2H_2O$	186g	边搅拌边加入 NaOH 固体，调节 pH。当接近 pH8.0 时才充分溶解（约需 NaOH 20g），定容至 1000ml
双蒸水	700ml	

附录Ⅵ　裂解缓冲液

表 18-7　裂解缓冲液配制

配方	终浓度
Tris-HCl（pH8.0）	20nmol/L
EDTA	10mmol/L
Triton X-100	0.5%

附录Ⅶ　穿　透　液

0.1% TritonX-100，0.1% 柠檬酸钠。

附录Ⅷ　DAPI 染色液（100μg/ml）

DAPI（4′-6 二氨基 -2- 苯基吲哚）1mg，滴加几滴甲醇助溶，加水至 10ml。等量分装于

Eppendorf 管内，用锡箔纸包裹存于－20℃冰箱中，可存一年。

工作液用 PBS 缓冲液稀释至所需浓度。工作液在 4℃下可保存数周。

附录Ⅸ 血球记数板的使用方法

血细胞记数板有两个室，每个室含有 9 个大方格。当盖上盖玻片后，每个大方格的容积为 1.0×10^{-4}ml。将细胞悬液用毛细管移入盖上盖玻片的记数板后，对两个室内的各 5 个大方格内的细胞进行统计，所得结果即为 1×10^{-3}ml 中的细胞数目。将此数据乘以 1000，再乘以细胞的稀释倍数就得到每毫升细胞悬液的实际细胞数目。

实验 19

人类染色体分析：外周血培养制备染色体标本及荧光原位杂交技术

一、实验目的

1. 学习外周血淋巴细胞悬浮培养的原理和方法，利用培养后分裂的细胞制备人染色体标本。
2. 掌握荧光原位杂交技术，熟悉掌握荧光显微镜的使用方法。

二、实验原理

外周血中的淋巴细胞几乎都处在 G_0 期或 G_1 期，一般情况下是不分裂的。当在培养基中加入植物血凝素时，这种小淋巴细胞受到刺激后转化为淋巴母细胞，进而开始有丝分裂。经过短期培养后，用秋水仙素处理就可获得大量中期分裂象的细胞，制片后可以清楚地对染色体进行观察。这种培养方法是穆尔黑德（Moorhead）于 1960 年建立的。在对人的遗传分析中，普遍采用外周血培养的方法获取分裂的细胞，进而开展基础遗传学的研究，在遗传疾病的检测以及遗传咨询等工作中发挥了重要作用。

秋水仙素可以抑制细胞纺锤体的形成，使处在分裂期的细胞停留在中期，因此利用秋水仙素处理可以获得许多同步的中期分裂细胞，但是由于使用秋水仙素处理会引起染色体在一定程度上的收缩，因此在处理时间和浓度上要合适。一般使用秋水仙素的浓度在 0.1～0.2μg/ml。

徐道觉等 1952 年发现，在固定细胞之前使用低渗液进行处理，可以使细胞的核膜吸水膨胀而破裂，染色体分散开来，在显微镜下易于观察和统计，染色效果也明显提高。这种技术被广泛采用后，使人染色体分析技术得到了发展。

荧光原位杂交（fluorescence *in situ* hybridization，FISH）是 20 世纪 80 年代末在放射性原位杂交技术的基础上发展起来的一种非放射性分子细胞遗传技术，以荧光标记取代同位素标记而形成的一种新的原位杂交方法。它的基本原理是将 DNA（或 RNA）探针用特殊的核苷酸分子标记，然后将探针直接杂交到染色体或者 DNA 纤维切片上，再用与荧光素分子耦联的单克隆抗体与探针分子特异性结合，来进行 DNA 序列在染色体或 DNA 纤维切片上的定性、定位、相对定量分析。FISH 具有安全、快速、灵敏度高、探针能长期保存、能同时显示多种颜色等优点，因此也在染色体分析上得到广泛应用。

荧光原位杂交的探针类型很多，可通过克隆、酶扩增及化学方法合成等途径获得，主要包括基因组探针、染色体特异重复顺序探针、染色体文库探针、单一顺序探针及 RNA 探针等。而探针的标记方法通常也有直接标记法和间接标记法两种，前者是将荧光分子直接标记于探针上，杂交后可直接在荧光显微镜下检测，优点是快速简洁、结果背景干扰很少，缺点是杂交信号较弱，且不能放大；后者是采用中间分子比如生物素等标记探针，杂交后再用荧光分子标记的中间分子的亲和物或抗体进行检测。[1，2]

三、实验材料及用具

1. 器具：培养瓶、注射器、移液管、量筒、G6漏斗、抽滤器、恒温水浴箱、锥形瓶、离心机、RPMI1640、小牛血清、植物血凝素（phytohaemagglutinin，PHA）、$NaHCO_3$、生理盐水、肝素、0.1%秋水仙素水溶液、低渗液、固定液、0.4%酚红、链霉素、青霉素、卡那霉素、探针、培养箱、染色缸、载玻片、荧光显微镜、盖玻片、封口膜、移液器、暗盒、指甲油、甲酰胺、氯化钠、柠檬酸钠、氢氧化钠、吐温。

2. 试剂的配制

（1）RPMI1640溶液：称取RPMI1640粉6.24g，将其溶于600ml灭菌的三蒸水中，加入0.4%的酚红0.8ml，此时溶液呈樱红色，通入CO_2气体使pH降至6.5左右，此时溶液呈橘黄色。RPMI1640全部溶解时溶液无色透明，测试pH，以3%～5%$NaHCO_3$调pH至7左右，经酸度计测定pH为7.1～7.2。经G6漏斗抽滤分装到100ml的锥型瓶中，每瓶80ml，在−20℃条件下保存备用。

（2）0.85%NaCl溶液：称取NaCl 4.25g，溶于500ml三蒸水中，待NaCl全部溶解后，高压蒸汽灭菌后备用。

（3）0.075mol/L KCl溶液：称取KCl 5.59g，溶于1L三蒸水中。

（4）0.4%酚红：称取酚红0.4g置于研钵中将其研碎，逐渐加入0.1mol/L NaOH 11.28ml并不断研磨，直到酚红颗粒几乎完全溶解，最后加入三蒸水100ml，将溶液在棕色瓶中保存备用。

（5）0.2%肝素：称取肝素0.2g，加入0.85%NaCl溶液100ml，待完全溶解，高压蒸汽灭菌，在4℃条件下避光保存。

（6）0.1%秋水仙素溶液：称取20mg秋水仙素，加入0.85%NaCl溶液20ml，待完全溶解，高压蒸汽灭菌，在4℃条件下避光保存。取1%秋水仙素溶液1ml加入0.85%NaCl溶液99ml及10μg/ml的秋水仙素。使用时取10μg/ml的秋水仙素溶液0.1ml，用0.85%NaCl稀释至1ml，即为1μg/ml的秋水仙素溶液。

（7）固定液：甲醇∶醋酸＝3∶1。

（8）PHA的稀释：10mg PHA加入4ml 0.85%NaCl溶液配成浓度2.5mg/ml，从中取出0.2ml加入0.85%NaCl溶液至1ml即为500μg/ml的PHA。

（9）购置或制备用FITC标记的人类Y染色体DNA探针溶液。

（10）培养基的配制

RPMI1640：80%；小牛血清：20%；PHA：40μg/ml；青霉素：100单位/ml培养基；链霉素：100单位/ml培养基；卡那霉素：100单位/ml培养基。

小牛血清在实验前应在56℃水浴中灭活30min。配制培养基时要测定好RPMI1640及小牛血清的pH，保证二者按比例混合后的pH为7.2～7.4，可以用3%～5%$NaHCO_3$或0.1mol/L HCl进行调整。然后在无菌条件下分装，学生用的培养瓶内含RPMI1640 4ml，小牛血清 1ml。

四、实验方法及步骤

（一）染色体制片

1．采血

首先用注射器吸取适量肝素，可以推拉注射器手柄以使注射器的针管充分湿润。将皮肤常规消毒后静脉采血 3～4ml，在注射器内与肝素混匀（注：如果动作迅速，也可不加肝素）。

2．培养

将采到的血样接种到培养瓶内，每个培养瓶接约 25 滴。轻轻摇匀后将培养瓶放在 37℃ 温箱中培养 72h。在培养过程中，每天应轻轻摇动两次培养瓶，避免摇出气泡。

3．秋水仙素处理

在终止培养前 2～3h，向培养瓶内加入 1μg/ml 的秋水仙素 1ml，使培养基内秋水仙素的最终浓度为 0.2μg/ml 培养基，轻轻摇匀后继续培养，处理时间不能短于 2h。

4．制片

（1）从温箱中取出培养瓶，用吸管将培养液转入 10ml 离心管内，用天平配平以后，以 1000r/min 转速离心 6min；

（2）离心后，吸弃上清液，加入 0.075mol/L KCl 低渗液 4～5ml，用吸管轻轻吹打均匀后，在 37℃条件下恒温水浴 20～30min；

（3）预固定：低渗后加入新配制的固定液 1ml，混匀后以 1000r/min 转速离心 6min；

（4）吸弃上清液，加入固定液 5ml，立即用吸管吹打均匀，在 37℃条件下水浴固定 15min；

（5）以 1000r/min 转速离心 6min；

（6）吸弃上清液，加入固定液 5ml，立即用吸管吹打均匀，在 37℃条件下水浴固定 10min；

（7）以 1000r/min 转速离心 6min；

（8）吸弃上清液，根据沉淀量留大约 0.3ml，混匀后准备滴片，从 30～40cm 高处将细胞悬液滴在预冷的载玻片上。保留一张分散良好的细胞学玻片标本用于后面的荧光原位杂交实验。同时为了更方便地观察染色体，可用吉姆萨染液染色 30min，清水冲洗干燥后镜检。

（二）荧光原位杂交

1．探针及标本的变性（适于无杂交仪的情况）

（1）探针变性：将探针在 75℃恒温水浴中温育 5min，立即在 0℃条件下静置 5～10min，使双链 DNA 探针变性。

（2）标本变性：将制备好的染色体标本于50℃培养箱中烤片2～3h。

取出玻片标本，将其浸在75℃变性液中变性5min，立即在0℃条件下静置5～10min。

将标本依次在70%、85%和100%系列冰乙醇中脱水，各1min，然后干燥。

2．杂交

取变性的DNA探针10μl滴于染色体标本上，盖上18mm×18mm盖玻片，指甲油封片，在37℃条件下置于潮湿暗盒中杂交过夜。

如果有杂交仪，则省去（1）和（2）步骤，将10μl探针溶液滴在载有样本的载玻片上，盖上盖玻片，放入杂交仪中，将杂交仪程序设定为：在75℃条件下变性5min，在37℃条件下杂交16～20h。

3．洗脱

（1）杂交次日，将标本从37℃温箱中取出，去除封片剂。

（2）室温下，在洗脱液中轻洗一下，去掉盖玻片。

（3）在73℃条件下预热的洗脱液中洗2min，期间晃动载玻片2～3次。

（4）室温下，在洗脱液轻洗1min，取出载玻片，自然干燥。

4．复染及镜检

待载玻片干燥后，取10μl PI（加入少量抗荧光淬灭试剂），滴加到载玻片上，盖上盖玻片（22mm×22mm），即可在显微镜下进行观察。

先在可见光源下找到具有细胞分裂象的视野，然后打开荧光激发光源，FITC的激发波长为492nm。细胞和染色体经PI染色后呈现红色，而经FITC标记的探针所在的位置发出绿色荧光。照相记录实验结果（彩图19-1）。

五、作业及思考题

1. 观察人染色体的形态、结构特点。
2. 理解荧光原位杂交的原理、优缺点，并总结荧光原位杂交实验技术的关键点。

参考文献

［1］耿波，梁利群，孙效文. 荧光原位杂交概述［J］. 水产学杂志，2004，17（2）：89-92.

［2］张贵友，吴琼，林琳. 普通遗传学实验指导［M］. 北京：清华大学出版社，2003.

附录

附录Ⅰ FISH相关溶液的配制

20×SSC（pH 5.3）：称取175.3gNaCl、88.2g柠檬酸钠，加水至1000ml。

变性液（70% 甲酰胺+2×SSC，pH 为 7.0～8.0）：量取 28ml 甲酰胺，4ml 20×SSC，8ml 水。

洗脱液（2×SSC ＋ 0.3%NP-40，pH 为 7.0～7.5）：量取 15ml 20×SSC，450μl NP-40，135ml 水。

附录Ⅱ 探针的 FITC 标记

探针的标记可采用 PCR 或缺口平移法来制备，但多数情况下采用缺口平移法来制备。该过程包括以 DNaseI Ⅰ在 DNA 双链上作用产生缺口并以此作为第二反应步骤的作用起点，即大肠杆菌聚合酶Ⅰ自缺口处进行修补合成。在修补合成互补链时，将 FITC 标记的 dNTP 掺入，从而复制出带有 FITC 标记的探针。本实验采用缺口平移法，按 GIBCO 公司提供的方法，以 FITC-dATP 标记探针。标记好的探针可以在－20℃下长期保存。

总反应体积 50μl，DNA 1μg，10×dNTP 5μl，10× 混合酶 5μl。将上述混合液于 16℃作用 1h。用 0.8% 琼脂糖凝胶电泳检测标记产物。DNA 片段长 300～500bp 为宜。如片段较大，则应加适量 DNase Ⅰ继续酶切，直至 DNA 片段长度适中后，加 5μl 终止缓冲液（300nmol/L EDTA）终止反应，并用乙醇沉淀的方法将探针与非掺入的核苷酸分开。

附录Ⅲ 不同荧光染料的激发光、发射光波长及滤光镜选择

表 19-1 不同荧光染料的激发光、发射光波长及滤光镜选择

荧光染料	激发光波长 /nm	发射光波长 /nm	应用激发光
荧光素 - 异硫氰酸（FITC）	490	520	IB
四甲基异硫氰酸罗丹明（TRITC）	511	572	IG
得克萨斯红	596	620	IY
色霉素 A3（CA3）	450	570	B，BV
Hoechst 33258	365	465	U
碘化丙啶（PI）	530	615	IB，G，IG
罗丹明标记的鬼笔环肽	550	580	G，IG
4′，6- 二脒基 -2苯基吲哚（DAPI）	372	456	U

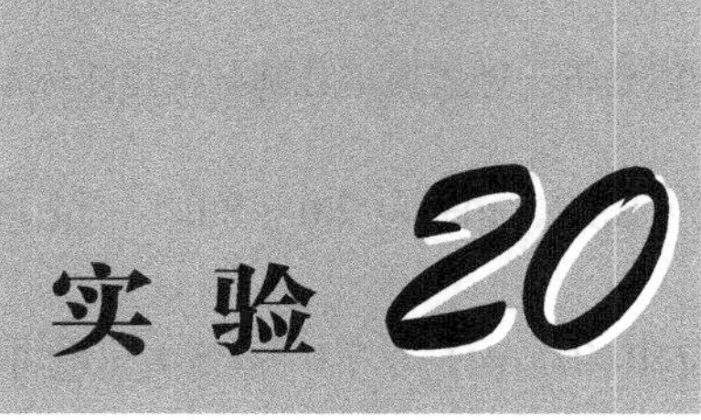

遗传平衡定律

一、实验目的

1. 通过实验进一步理解哈迪 - 韦因贝格定律的原理。
2. 运用遗传平衡定律调查周围人群中 ABO 血型系统的基因频率和基因型频率的情况。
3. 以果蝇为模式生物，人工模拟选择对基因频率和基因型频率改变的影响。

二、实验原理

哈迪 - 韦因贝格定律是群体遗传学中的基本定律，又称遗传平衡定律。该定律于 1908 年由英国数学家 G. H. 哈迪（Godfrey Harold Hardy）和德国医生 W. 韦因贝格（W. Weinberg）共同建立的。它的基本含义是指在一个大的随机交配的群体中，在无突变、无任何形式的选择、无迁入迁出、无遗传漂变的情况下，群体中的基因频率和基因型频率可以世代相传不发生变化，并且基因型频率是由基因频率决定的。它的推导过程包括三个主要步骤：①从亲本到其产生的配子。②从配子结合到产生合子的基因型。③从合子基因型到子代的基因频率。$p^2+2pg+q^2=1$ 是在一对等位基因的情况下的遗传平衡公式。它表示在一个大的随机交配的群体中，一对等位基因所决定的性状，在没有迁移、突变、选择和漂变的情况下，整个群体的基因和基因型频率的总和都等于 1，符合这一条件的群体称作平衡群体。[1,2]

三、实验材料及用具

普通果蝇（*Drosophila melanogaster*）及残翅突变型果蝇、双筒解剖镜、麻醉瓶、毛笔、白板纸、乙醚、玉米粉、糖、酵母粉、琼脂等。

四、实验方法及步骤

1. 周围人群中 ABO 血型系统的基因频率和基因型频率的调查

对周围人群的 ABO 血型的不同表现型进行统计，进而估算出基因频率（表 20-1）。

表 20-1　ABO 血型统计表

血型	A 血型	B 血型	AB 血型	O 血型
个体数目				
占人群总数的比例				

设 $p=I^A$ 的频率，$q=I^B$ 的频率，$r=I$ 的频率

当群体处在平衡状态时则满足

$$\begin{cases} p+q+r=1 \\ p^2+q^2+r^2+2pq+2pr+2qr=1 \end{cases}$$

又设 A、B、AB、O 为各血型的表现型频率，则

$$\begin{cases} A=p^2+2pr \\ B=q^2+2qr \\ AB=2pq \\ O=r^2 \end{cases}$$

根据遗传平衡公式，计算出各基因频率，并检验此群体是否处于平衡状态。

2．人工模拟选择对果蝇正常翅、残翅等位基因的基因频率的影响

（1）选用两个纯合的果蝇群体，即正常翅和残翅类型。分别从两个群体中选取雌处女蝇和雄蝇各 20 只，共同放入一个大的培养瓶内，放入 25℃培养箱内培养。记录亲本正常翅和残翅果蝇的只数，并计算此时群体中正常翅和残翅基因的频率。

（2）当发现培养瓶内有幼虫或蛹出现时及时将亲本处死，以防发生回交。当有 F_1 个体出现后，观察其表型，记录 F_1 正常翅和残翅果蝇的只数。

（3）将 F_1 群体中出现的残翅果蝇个体全部处死。在一个新的培养瓶中分别放入 20 只 F_1 群体中的正常翅雌蝇和雄蝇继续培养，即 $F_1 \times F_1$，不需要选处女蝇。培养至有 F_2 代产生。记录 F_2 正常翅和残翅果蝇的只数。

（4）将 F_2 群体中出现的残翅果蝇个体全部处死，在一个新的培养瓶中分别放入 20 只 F_2 群体中的正常翅雌蝇和雄蝇继续培养，即 $F_2 \times F_2$，同样不需要选处女蝇。记录 F_3 中正常翅和残翅的只数。

（5）进行与 4 同样的实验步骤，直至记录到 F_4 和 F_5。

（6）计算基因频率和基因型频率，将数据填入表 20-2。

表 20-2　果蝇基因频率和基因型频率记录表

培养代数	基因型频率		基因频率	
	正常翅	残翅	正常翅（p）	残翅（q）
P				
F_1				
F_2				
F_3				
F_4				
F_5				
⋮				

五、作业及思考题

1. 实验方法及步骤（一）中的数据是否满足遗传平衡公式？为什么？
2. 实验方法及步骤（二）的设计思路是怎样的？模拟了怎样的选择影响？结果怎样？

3. 通过实验方法及步骤（二）的结果，判断正常翅基因（*Vg*）和残翅基因（*vg*）的显隐性关系，并说明是如何判断的。

4. 实验至 F5 代时还有残翅基因存在吗？为什么？请推导出残翅基因频率在上述选择情况下随交配代数的变化通式。

5. 实验方法及步骤（二）设计上有什么样的缺陷，如何弥补？你可以作出怎样的改进？

6. 讨论如果在 F_1 留种时，只随机保留一只雄蝇和雌蝇将会出现怎样的情形？自然界中有这种情况出现吗？

7. 请你设计一个可以操作的实验，考察迁移对群体基因和基因型频率的影响。

参考文献

[1] THOMAS R M, ROBERT L H. Genetics: laboratory investigations [M]. New Jersey: Prentice Hall Upper Saddle River, 2001.

[2] LELAND H, LEROY H, MICHAEL L G, et al. Genetics: from genes to genomes [M]. Boston: McGraw Hill, 2000.

开放实验

（实验 21～实验 39）

实验 21

利用果蝇进行遗传定律的验证

一、实验目的

1. 通过果蝇杂交实验分析特殊性状的显隐性关系，验证遗传的分离定律、自由组合定律和伴性遗传等遗传规律。

2. 掌握果蝇杂交的方法，深入了解果蝇生活史。

3. 熟练运用生物统计学的方法对实验数据进行分析。

二、实验原理

1. 遗传定律的验证

基因的分离定律和自由组合定律在 1865 年由孟德尔（Mendel）提出并进行了验证。[1]通过追踪拥有一对相对性状（或两对相对性状）亲本杂交（包括正交和反交）产生的子一代、子一代自交产生的子二代的性状及其所占比例，我们可以在果蝇中确定基因的显隐性关系，验证基因的分离定律、自由组合定律及伴性遗传规律。

2. 卡方检验

卡方检验（Chi-square test）可以用来验证离散样本的实测值与理论值间的差异是否可以解释为随机抽样差异[2]。在应用于遗传定律的验证时，首先应确定自由度f，建立无效假设（null hypothesis，即假设实测值与理论值之间没有真实差异，实验结果所得的差异是误差所致），计算卡方值，并查找在相应自由度下该计算出的卡方值在多大程度上可以支持无效假设。

3. 处女蝇

雌性果蝇有个特殊的结构为储精囊，经历过交配的雌果蝇会储存精子以备后续产卵。因此如果希望杂交得到的后代均来自某特定雄蝇的后代，在杂交前就应挑选处女蝇杂交。一般来说，刚羽化出来的果蝇在 8～12h 之内仍在发育，不进行交配，所以在这段时间内新羽化的雌蝇均为处女蝇。为了保险起见，一般选择 8h 内孵出的果蝇。

三、实验材料及用具

野生型果蝇（红眼，翅膀正常，标记为 wt）一瓶、白眼突变果蝇（w）一瓶、残翅突变果蝇（vg）一瓶、双筒解剖镜、麻醉瓶、毛笔、乙醚、果蝇培养基等。

四、实验方法及步骤

（1）培养基配制：参见《实验4 果蝇生活史观察》相关内容。

（2）突变型观察：将果蝇麻醉后，在解剖镜下仔细辨认各种突变类型。与野生型果蝇作对照，观察突变型果蝇的性状表现。在杂交实验中，同组同学应该先统一识别标准，再分工合作，这样才能保证对于性状的识别不出现较大偏差。

（3）设计实验：本实验要求4人一组，一组独立完成正、反交，并获得数据。实验开始前应仔细设计实验。

（4）挑选处女蝇：挑选处女蝇是杂交过程中最为重要的一步。处女蝇中如果掺杂已经交配的雌蝇或混入雄蝇，将会影响整个实验结果。雌蝇和雄蝇的分辨在《实验4 果蝇生活史观察》中有详细说明。

（5）杂交及培养注意事项：按照所设计的杂交组合，选出相应处女雌蝇、雄蝇10～20对放入一个培养瓶内。在培养瓶上帖好标签，注明杂交内容、日期、实验组号等，然后将培养瓶放入25℃的培养箱内进行培养。实验过程中要注意果蝇的保种，即挑选出一部分杂交，留一部分果蝇转入新瓶以备后续实验中使用。

果蝇杂交、保种的最基本原则是保持亲本基因的纯合，不能混杂。因此要特别注意挑蝇用的毛刷和挑蝇台上是否沾有别的蝇、幼虫或卵。此外，还要经常观察所有培养瓶，及时将已生霉的培养瓶中的果蝇转移到干净的培养基瓶中。

实验中要根据实验目的选择杂交亲本的数量，及时除去亲本（请思考原因），并且请思考如何利用有限的亲本果蝇产生尽量多的后代。详细注意事项请阅读附录。

（6）收集结果并分析：当有F_1个体出现后，观察其表型，注意显、隐性关系并计数统计。F_2果蝇出现后，进行观察统计，观测数目至少在500只以上。按照所配制的杂交组合，提出理论假设并根据实验结果进行卡方检验。

五、作业及思考题

1. 选择实验材料中的任意一对品系果蝇，研究你所感兴趣的一对或两对性状：（1）是否存在显隐性关系，（2）是否可以验证基本遗传规律，（3）是否存在伴性遗传?
2. 总结挑选处女蝇的技巧，此时可用哪些特征判断雌雄，不可用哪些特征，为什么?
3. 用以验证基因的分离或自由组合定律的生物（或性状特征）应符合什么条件?

参考文献

［1］GRIFFITHS A J F, MILLER J H，SUZUKI D T, et al. An introduction to genetic analysis［M］.7th ed. New York: W H Freeman, 2000.

［2］罗斯纳. 生物统计学基础［M］. 孙尚拱，译. 5版. 北京：科学出版社，2005.

附录

果蝇相关实验操作注意事项及操作技巧。

1．突变型观察

将果蝇麻醉后，在解剖镜下仔细辨认各种实验中用到的突变类型，注意与野生型果蝇作对照。在杂交实验中，同组同学应该先统一识别标准，再分工合作，这样才能保证对于性状的识别不出现偏差。

2．设计实验

实验开始前应仔细设计实验，根据实验目的，确定每一代杂交亲本（雌雄果蝇）的基因型、数量，何时挑选处女蝇，何时除去亲本防止回交或将亲本转移至新瓶扩增，根据果蝇生活史时间确定实验周期。

3．挑选处女蝇

挑选处女蝇是杂交过程中最为重要的一步。处女蝇中如果掺杂已经交配的雌蝇或混入雄蝇，将会影响整个实验结果。在雌雄差异中，以性梳和外生殖器的差异最为准确可靠。刚羽化出的果蝇，身体都较长，不能以大小简单辨别性别。身体颜色在一生中会随着年龄变深，刚羽化时基本看不出黑纹，而年龄很大的果蝇体色很深，有时也分辨不出三条还是五条黑纹，但无论什么年龄的果蝇，用外生殖器的性状和性梳的有无都可以将雌雄准确无误地分辨出来。

选择处女蝇要注意时间。刚羽化的果蝇在 8～12h 内不交配，应在 8h 内挑选。如果不能每 8 小时收集一次处女蝇，或首次羽化的果蝇不确定其羽化时间，可以在任意子代羽化阶段，先将瓶内所有成蝇导出处死，再等待 8h 后收集。

未交配过的雌蝇寿命比正常雌蝇短很多，并且也会产卵，只是产出的卵由于不是受精卵而不会孵出幼虫，因此处女蝇应挑出后尽快杂交。

4．杂交及培养注意事项

按照所设计的杂交组合，选出相应处女雌蝇、雄蝇共同放入一个培养瓶内。在培养瓶上贴好标签，注明杂交内容、日期、实验组号等，然后将培养瓶放入 25℃的培养箱内进行培养。杂交过程中要注意保种，即挑选出一部分杂交，留一部分果蝇转入新瓶以备后续实验中用到。

当发现瓶中有一些幼虫出现时，即从侧面仔细观察培养基表面有上下蠕动的黑点时，就应将亲本转入新的培养基中继续产卵或丢弃，否则在一个瓶中产卵过多会导致培养基过于湿滑，难于操作，甚至使幼虫无法得到足够营养而发育不良。如未及时除去亲本，最晚也应在发现培养瓶内有蛹出现后及时将亲本处死，以防发生回交或与后代果蝇混淆。

关于杂交时使用果蝇的数量，取决于杂交实验的目的。如果仅需适量后代进行下一步杂交，则杂交时可以选出处女蝇 10～12 只，雄蝇 5～7 只，就可以在良好的培养基中得到几十只至上百只后代。如果为了统计大量后代性状比例时，每种杂交组合中最好放入 20～25 对

（共40～50只）的果蝇，并且在发现有幼虫出现后，可以让亲本转入新瓶继续产卵，这样就能保证产蝇量较大，而且转瓶时不会因果蝇损失而对实验结果造成较大影响。

使用培养基时要注意，新的培养基瓶从冰箱取出后，需要在室温下放置10～15min，待感觉培养瓶不太凉时才能将果蝇转移至此培养瓶，否则果蝇会被过冷的培养基麻痹、粘死。尽量选择那些培养基表面比较平整，没有培养基粘在壁上并且没有气泡的培养瓶。可以向新培养基中加入少量酵母（可促进其产卵）或不加酵母。酵母的量在10粒左右较为合适，过多的酵母会在培养基表面形成一层油亮的物质，果蝇不会在这样的地方产卵。培养基的状态很重要，如状态不佳（主要表现为表面过于油亮），应及时转移果蝇至新瓶，因为果蝇不会在这样的条件下产卵，卵在这样的状态下也无法孵化。果蝇也不能长时间放在没有培养基的空瓶中，在没有食物和水的环境，果蝇很快会死掉。

当发现培养瓶中有较多幼虫时，如果培养基侧面观察有干裂细纹，可以向培养瓶中加入少量水（几滴即可）。加水是为了让幼虫更好地在培养基中蠕动并爬上壁，但是不可加过多水（不能使整个培养基表面都浮了一层水，如果觉得培养基不干也可不加水），不然会将培养基上的幼虫淹死，无法正常发育。

5．转瓶

每次将果蝇倒出培养瓶时，常常涉及倒置、磕碰培养瓶的操作。当果蝇长势良好时，培养基变稀，有时会发生磕碰过程中培养基掉落的现象。如确实需要，掉落的培养瓶仍可继续培养、计数。磕碰时，可以在麻醉瓶的底部垫一个缓冲物，用力不可太猛，宁愿轻倒、多倒几次，也不要发生一次猛倒造成培养基脱落的情况；另外一种改进方法，是先用一空瓶放置在培养瓶上端，然后利用果蝇喜欢向上、向光飞的特性，轻轻晃动底下装有果蝇的瓶子，这时果蝇便会聚集飞往上瓶中，这是转瓶过程中一种较好的方法。

果蝇转瓶时如果是经过麻醉的，若直接将麻醉后的果蝇竖直倒入新瓶，极易使果蝇的翅膀等粘在培养基上致死。所以建议转移麻醉过的果蝇时，用毛刷扫到培养瓶侧壁，并侧置培养瓶至果蝇在侧壁上苏醒，再竖直培养瓶培养。

6．培养箱

每次开培养箱时要注意温度，如果温度离设定温度（一般为25℃）偏差超过3℃以上及时处理。培养箱最下方有个塑料盘，盘中要一直保持有水，这样的湿度适宜于果蝇发育。培养箱不能长时间开着门，温度变化过大会影响果蝇发育时间。

实验 22

果蝇基因图距的测量（三点测交）

一、实验目的

1. 掌握确定连锁基因在染色体上的相对位置和遗传距离的三点测交法，验证基因的连锁和交换定律。

2. 掌握果蝇杂交的方法，深入了解果蝇生活史、世代周期。

二、实验原理

1. 三点测交：三点测交是定位同一染色体上的 3 对等位基因的常用方法，通过 1 次杂交和 1 次测交，同时确定 3 对等位基因（即 3 个基因位点）的排列顺序和它们之间的图距[1]。用野生型果蝇和带有 3 个隐性性状（即含 3 对纯合隐性基因，简称为三隐）的果蝇（P）杂交，获得 3 个基因均为杂合的子代（F_1），再使 F_1 与三隐个体测交，得到的后代中多数个体与原亲本（P）相同，但也会出现少量与亲本不同的个体，即重组型个体。重组是基因间发生交换的结果，不同的交换形式产生不同的配子。通过对测交后代表型及其数目的分析，分别计算 3 个连锁基因之间的交换值，从而确定这三个基因在同一染色体上的顺序和距离，并通过双交换频率计算并发率（coefficient of coincidence）和干扰。

2. 完全连锁现象：雄性果蝇具有较为罕见的基因完全连锁现象[2]。在雄性果蝇同一染色体上的基因，不论其实际图距有多少，都不会发生减数分裂同源重组的现象。

三、实验材料及用具

野生型果蝇（wild type，WT）一瓶、三隐果蝇（白眼 w、小翅 m、焦刚毛 sn，相关基因均在第一号染色体上）一瓶、双筒解剖镜、麻醉瓶、毛笔、乙醚、果蝇培养基等。

四、实验方法及步骤

（1）培养基配制：参见《实验 4　果蝇生活史观察》相关内容。

（2）突变型观察：将果蝇麻醉后，在解剖镜下仔细辨认各种突变类型。同时在视野下放置野生型果蝇和突变体果蝇，更易于观察突变型果蝇的性状表现。在杂交实验中，同组同学应该先统一识别标准，再分工合作，这样才能保证对于性状的识别不出现较大偏差。本实验中尤其要注意焦刚毛和小翅两种性状。焦刚毛主要观察果蝇胸节背侧刚毛，野生型为直且长的黑色刚毛，焦刚毛突变体为短且卷曲、类似烧焦的黑色刚毛。小翅果蝇要待果蝇羽化后一天确认较为准确，刚羽化的果蝇翅膀并未完全张开，身体也相比成熟时长，很易误判为小翅果蝇，而雄性果蝇一般身体较小，小翅突变现象不是特别明显，也易误判为正常翅。因此建议持续保种野生型果蝇，在最后判别性状时做参考。

（3）设计实验：实验开始前应仔细设计实验，根据实验目的，确定每一代杂交雌雄的基因型、数量，何时挑选处女蝇，何时除去亲本防止回交或将亲本转移至新瓶扩增，根据果蝇生活史时间大致确定实验周期。本实验要特别注意观察雄性果蝇的完全连锁现象对杂交实验的影响。因所有相关基因均在一号染色体上，首步杂交时也应注意雌雄蝇亲本的选择。

（4）挑选处女蝇：原理及方法见《实验 21 利用果蝇进行遗传定律的验证》。

（5）杂交：杂交注意事项请仔细阅读《实验 21 利用果蝇进行遗传定律的验证》及其附录。本实验因为需要大量 F_2 代果蝇，如何利用有限的 F_1 代果蝇尽量多地产生后代是实验成功的关键。

（6）收集结果并分析：F_2 代果蝇羽化后，收集至新培养瓶中，待其成熟至少一天后进行观察统计，观测数目不做具体限制，原则上 1000 只以上，且越多越好。观察确定 3 个基因位点的顺序，计算其间的基因图距，并算出干涉率。

$$图距=\frac{重组型配子数}{总配子数}\times 100$$

$$干涉率=1-并发率=1-\frac{双交换实际观测值}{双交换理论值}$$

五、作业及思考题

1. 图距的定义是什么？
2. 刚刚羽化的果蝇可用哪些特征判断雌雄，哪些特征通常不作为判断依据？为什么？
3. 如何用有限的果蝇产生足够多的后代？
4. 如果三点测交的基因在果蝇的常染色体上，请列出两次杂交分别正反交（交换雌雄果蝇的基因型）可能的组合，并指出哪些组合是果蝇三点测交不可行的，为什么？

参考文献

[1] GRIFFITHS A J F，MILLER J H，SUZUKI D T，et al. An introduction to genetic analysis [M]. 7th ed. New York： W H Freeman，2000.

[2] LELAND H，LEROY H，MICHAEL L G，et al. Genetics: from genes to genomes [M]. Boston： McGraw Hill，2000.

实验 23

转基因果蝇的重组（一）

一、实验目的

1. 学习通过杂交后重组的方法将两个不同转基因品系的果蝇的基因整合到同一品系果蝇中，并得到可以稳定保存的品系（带平衡子或纯合）。本实验中的两个转基因均位于相同的染色体上。

2. 掌握果蝇杂交的方法，深入了解果蝇生活史、世代周期。

3. 深入了解平衡子（balancer）在果蝇杂交中的重要作用。

4. 理解 UAS-Gal4 系统在果蝇中的工作原理。

二、实验原理

（1）转基因果蝇：转基因果蝇（transgenic fly）是将带有目的基因的质粒通过显微注射转入本身为白眼突变（隐性）的果蝇卵中，这些质粒上一般带有 P 转座子序列（P elements），可以将转座子序列之间的目的基因一定程度上随机插入到果蝇染色体中。除目的基因外，质粒上带有的 mini-white 基因（红眼，显性）可以作为转基因成功的标记（marker），带有目的基因的果蝇将成为红眼果蝇。mini-white 基因的表达量会影响果蝇眼睛颜色的深浅，这与目的基因插入位置和基因拷贝数目有关，但因影响果蝇眼色的因素较多（发育程度等），眼色深浅只能作为辅助参考，并不能作为检验基因拷贝数量的依据。常用的带 P 转座子质粒如图 23-1 所示。

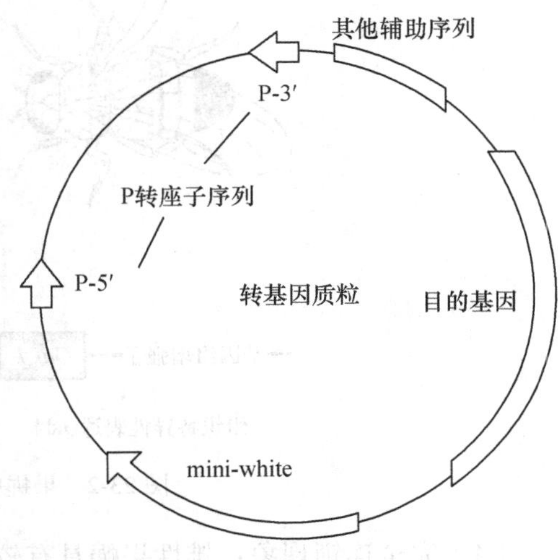

图 23-1　常用转基因质粒示意图

在制备转基因果蝇时，由于受质粒大小的限制，一般一个转基因果蝇品系只能转入一个目的基因。然而有时研究需要把不同的目的基因整合到同一个果蝇品系中，研究两个基因甚至多个基因共同表达时的功能及相互作用等，就需要通过杂交重组建立同时稳定存在两个转基因的品系。

（2）平衡子：平衡子是果蝇重要的遗传工具。H.J. 穆勒最早提出了平衡子这一概念，他首先发现了经过多重倒位的染色体几乎不与其同源染色体发生减数分裂同源重组过程，并且用它来分离染色体上的致死基因[1]。平衡子一般还被人为地插入一些显性的突变基因和隐性的致死基因（纯合致死），它们就成为杂交鉴定和保存致死基因品系的重要工具。

果蝇的第二和第三号染色体都有许多不同的平衡子。第四号染色体很小，极少发生交换，因而没有平衡子。一号染色体在果蝇中为性染色体，因此X染色体的平衡子不携带隐性致死基因，否则会造成雄蝇无法存活，也就无法保种传代。在标记平衡子时一般指出是几号染色体及其显性标记即可，如*TM* 3、*Ser*，指的就是第三号染色体平衡子3（third multiply-inverted balancer 3，3是区别于其他三号染色体平衡子的编号），而这个平衡子所带有的显性标记为*Ser*基因，即翅膀缺刻性状。

平衡子在重组实验中可以起到十分重要的作用，由于其不进行重组和带有显性标记性状的特征，使得其很容易表征本条染色体是否存在，也就可以进一步用来追踪同源的另一条染色体是否存在。

（3）Gal4/UAS系统：Gal4/UAS系统是果蝇中十分常用的控制基因表达的系统。Gal4蛋白是酵母中的转录激活因子（transcriptional activator），它可以识别并结合特定的上游调控序列UAS（upstream activating sequence），从而开启其下游的目的基因表达。果蝇本来不存在Gal4蛋白和UAS序列，将*Gal* 4、UAS-目的基因通过转基因方式转入到果蝇中就可以达到控制基因表达的目的。*Gal* 4基因在随机整合到果蝇基因组的不同位点时，有时恰巧受到附近基因组本身的增强子控制而仅在特定的组织或特定类型细胞中表达Gal4蛋白。人们收集了很多这样的Gal 4品系，用这种品系的Gal4与UAS果蝇杂交即可在特定组织或细胞中表达目的基因。[2]

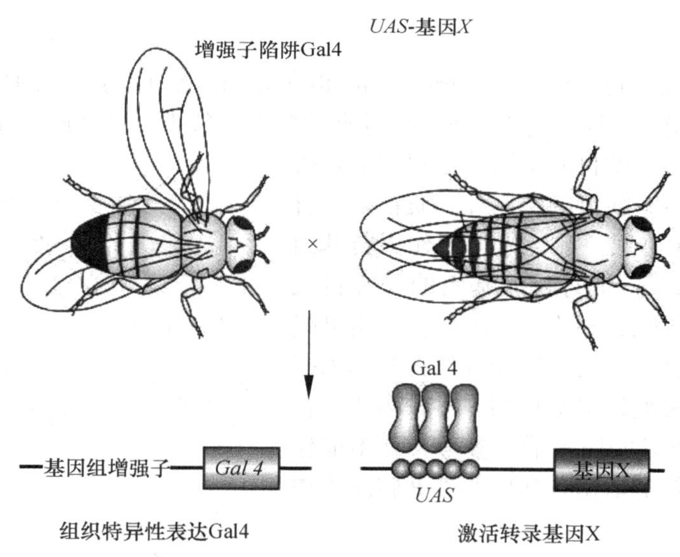

图23-2 果蝇中Gal4/UAS系统示意图[2]

（4）完全连锁现象：雄性果蝇具有较为罕见的基因完全连锁现象[3]。在雄性果蝇同一染色体上的基因，不论其实际图距有多少，都不会发生减数分裂同源重组的现象。

（5）果蝇基因型表述规范[2]：果蝇的命名可以简化成下列一些简单的规则，在较为复杂的杂交实验中，正确运用果蝇基因型的规范表述可以不用复杂的说明就可以清晰明确地表征每一代果蝇的基因型，不致产生混乱。

1）写基因型时，染色体按“X/Y；2 号；3 号；4 号”的顺序排列。

2）非同源染色体之间用分号隔开，同源染色体之间若基因型不同用斜线号隔开，或写成上下两行的分数形式，斜线前后或分数形式的每一行表示一条同源染色体，基因型相同只写一个即可，如 A/a。

3）同一条染色体上的不同基因用逗号分隔开。一般小写字母代表隐性表型，大写为显性，如 A，b/A，B。

4）只有染色体上有某种突变才写上它的基因型或约定的标记，如果是野生型，标记为＋，如果某一号染色体上均为野生型，可不写出此染色体，如＋/A。

（6）本实验中使用的两种品系的转基因果蝇标记为 tA 和 tB（t 表示 transgenic），两个目的基因 A、B 分别插入在 tA、tB 品系的同一号染色体上（三号染色体），本实验需要得到的目的果蝇品系为同时含有 A、B 基因且可以稳定遗传的果蝇（图 23-3）。tA 果蝇系为纯合体，转入的目的基因含 UAS 连接下的 *Tau* 基因，该基因与 GMR-Gal4 果蝇系（此 Gal4 果蝇系仅在眼睛中表达 Gal4 蛋白，基因位于二号染色体上）进行杂交，产生子代的成体果蝇，在羽化后一周可以观察到明显眼睛缺陷，表现为组成复眼的小眼排列不整齐，有的会出现一片小眼变黑坏死等，需在体视镜下或低倍显微镜下仔细观察。tB 果蝇具有可直接表达 GFP 标记基因及隐性致死基因，为了保种，所以带有 *TM* 3、*Ser* 平衡子，其中 *Ser* 是翅膀缺刻（serrate）的标记，因其自身带有 *GFP* 基因，因此可以在荧光显微镜下用 488nm 波长的荧光观察。建议观察时处死果蝇进行观察。

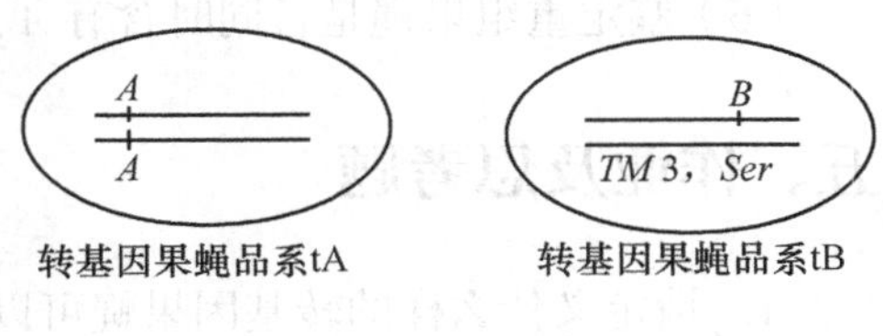

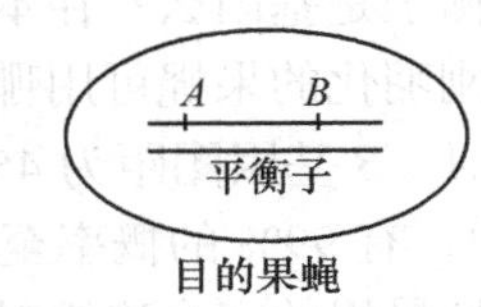

图 23-3　转基因果蝇实验示意图

三、实验材料及用具

转基因果蝇 tA、tB 各一瓶、Sb/TM6，Tb（白眼，Sb 短刚毛显性性状，TM6 平衡子带有 Tb 短身显性性状）一瓶、GMR-Gal4 一瓶、双筒解剖镜、麻醉瓶、毛笔、乙醚、果蝇培养基等。

四、实验方法及步骤

（1）培养基配制：参见《实验 4　果蝇生活史观察》相关内容。

（2）突变型观察：将果蝇麻醉后，在解剖镜下仔细辨认各种突变类型。同时在视野下放置野生型果蝇和突变体果蝇，更易于观察突变型果蝇的性状表现。在杂交实验中，同组同学应该先统一识别标准，再分工合作，这样才能保证对于性状的识别不出现较大偏差。本实验中尤其要注意短刚毛 Sb、短身 Tb 性状的判别，判定短刚毛时，应观察果蝇胸节背侧的刚毛长度，与野生型相比较可以很快发现不同。短身性状在三龄幼虫和蛹时最为明显，成蝇分辨起来不是很容易，挑选短身性状的果蝇较为辛苦，需要尽量在三龄幼虫阶段挑选，化蛹之后蛹与培养瓶壁黏合很紧，若此时挑选容易伤及蛹，不易成活。

（3）设计实验：本实验要求 4～6 人一组。实验开始前应仔细设计实验，根据实验目的，确定每一代杂交雌雄的基因型、数量，何时挑选处女蝇，何时除去亲本防止回交或将亲本转移至新瓶扩增、保种，大致根据果蝇生活史时间确定实验周期。本实验中要特别注意GMR-Gal4的保种工作，并应仔细思考如何进行重组果蝇的鉴定工作（鉴定时是群体鉴定还是单只？为什么？选择何种性别的果蝇鉴定？）。

（4）挑选处女蝇：原理及方法参见《实验21　利用果蝇进行遗传定律的验证》相关内容。

（5）杂交：杂交注意事项请仔细阅读《实验21　利用果蝇进行遗传定律的验证》相关内容。

（6）鉴定重组果蝇是否同时含有*A*、*B*基因，并得到可以稳定保存的品系。

五、作业及思考题

1. 请定义什么样的转基因果蝇可以称为稳定遗传的果蝇，为什么？
2. 平衡子是基因么？在本实验中，平衡子的作用是什么？
3. 刚刚羽化的果蝇可用哪些特征判断雌雄，哪些特征通常不作为判断依据？为什么？
4. 以*A*、*B*基因图距为45计算（本实验中两个转基因位点连锁强度较小），如果想要检验的后代中，有99%的概率至少有一只为重组型（tAB），需要检验多少只果蝇？
5. 雄性果蝇的完全连锁对本实验中哪一步有影响？哪一步杂交不可反交进行？
6. 怎样在验证荧光和眼睛缺陷结果时设计对照实验？

参考文献

[1] RALPH J GREENSPAN. Fly pushing: the theory and practice of *Drosophila* Genetics [M]. New York: Cold Spring Harbor Laboratory Press, 2004.

[2] DANIEL S J. The art and design of genetic screens: *Drosophila melanogaster* [J]. Nature Reviews Genetics, 2002,3(3): 176-188.

[3] LELAND H, LEROY H, MICHAEK L G, et al. Genetics: from genes to genomes [M]. Boston: McGraw Hill, 2000.

实验 24

转基因果蝇的重组（二）

一、实验目的

1. 学习通过杂交重组的方式将两个不同转基因品系的果蝇中的目的基因整合到同一品系果蝇中，并得到可以稳定保存的品系（带平衡子或纯合）。本实验中的两个转基因位于不同染色体上，即将 A/A；＋/＋和＋/＋；B/B 的果蝇重组为 A/A；B/B 的果蝇。

2. 掌握果蝇杂交的方法，深入了解果蝇生活史、世代周期。

3. 深入了解平衡子（balancer）在果蝇杂交中的重要作用。

4. 理解 UAS-Gal4 系统在果蝇中的工作原理。

二、实验原理

（1）Gal4/UAS 系统：详见实验 23。

（2）Gal80^{ts} 是一个用于辅助 Gal4-UAS 系统的新方法，最早的报道出现于 2003 年[2]。Gal4-UAS 系统虽然可以在空间上控制目的基因的表达，但由于 Gal4 蛋白的持续表达，无法在时间维度上控制目标基因的表达。Gal80^{ts} 的出现克服了这一缺点。在低温条件下（18～19℃），Gal80 蛋白会与 Gal4 蛋白结合，阻止 Gal4 和 UAS 的结合，使得这一表达系统失效，即没有蛋白表达。需要表达蛋白的时候，可以对果蝇进行热激（30℃，一般持续三天以得到较多目的基因表达），使得 Gal80 蛋白不能与 Gal4 结合，Gal4 得以与 UAS 结合，表达特定蛋白（图 24-1）。

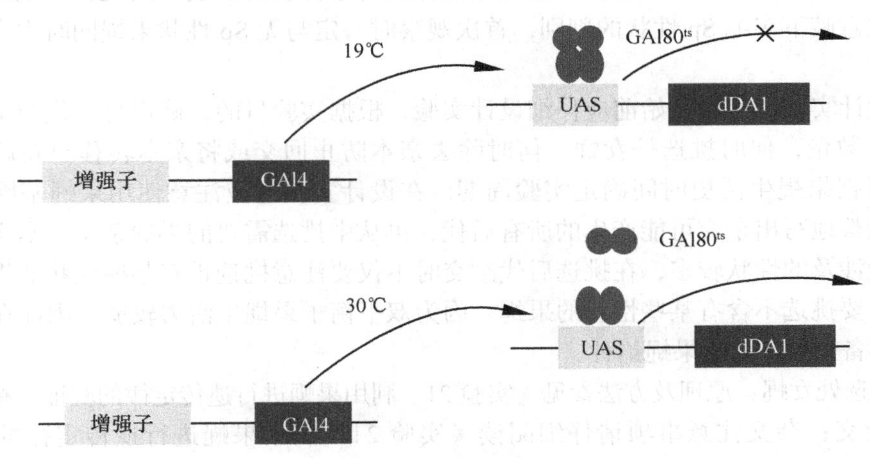

图 24-1　Gal80 蛋白的作用原理[3]

（3）平衡子：参见实验23相关论述。

（4）完全连锁现象[5]：参见实验23相关论述。

（5）果蝇基因型表述规范[4]：参见实验23相关论述。

（6）本实验希望通过重组，将原本只能在空间上控制表达的elav-Gal4（位于一号X染色体，可在全神经元表达Gal4蛋白）与Gal80^{ts}（位于二号染色体，全身表达）整合到一起，从而实现在时间和空间上同时对目的基因表达的控制。即希望由纯合的elav-Gal4和纯合的Gal80^{ts}果蝇品系杂交重组，获得一种果蝇，其一号染色体上具有纯合的elav-Gal4，同时二号染色体具有纯合的Gal80^{ts}。这样，在低温条件下，Gal80会抑制elav-Gal4的作用，而高温条件下Gal80^{ts}失效，UAS连接的目的基因得以表达。实验还提供UAS-GFP果蝇用来鉴定结果。

本实验中用到的平衡子果蝇在一号和二号染色体上各有一个平衡子，也叫双平衡子品系（double balancer）。其中一号染色体X为平衡子FM7a，表现型为雄蝇和纯合雌蝇棒状眼，若杂交后的杂合雌蝇为桃形眼。二号染色体对应性状：Cyo/Sp，其中Cyo所在染色体为平衡子，带有卷翅显性性状，Sp仅为一显性标记（非平衡子染色体），表型名称为腋下多毛，表现为果蝇侧面第一对足与第二对足之间的体节有超过两根的长刚毛（正常果蝇两对足之间的刚毛为一簇，两长一短）。

三、实验材料及用具

elav-Gal4果蝇（红眼，全神经元表达Gal4）一瓶、Gal80^{ts}果蝇一瓶、UAS-GFP果蝇一瓶、双平衡子品系（FM7a/Y；Cyo/Sp及FM7a； Cyo/Sp）一瓶、双筒解剖镜、麻醉瓶、毛笔、乙醚、果蝇培养基等。

四、实验方法及步骤

（1）培养基配制：参见《实验4　果蝇生活史观察》相关内容。

（2）突变型观察：将果蝇麻醉后，在解剖镜下仔细辨认各种突变类型。同时在视野下放置野生型果蝇和突变体果蝇，更易于观察突变型果蝇的性状表现。在杂交实验中，同组同学应该先统一识别标准，再分工合作，这样才能保证对于性状的识别不出现较大偏差。本实验中尤其要注意腋下多毛Sp性状的判别，首次观察时一定与无Sp性状果蝇同时观察对比，确定此性状。

（3）设计实验：实验开始前应仔细设计实验，根据实验目的，确定每一代杂交雌雄果蝇的基因型、数量，何时挑选处女蝇，何时除去亲本防止回交或将亲本转移至新瓶扩增、保种，大致根据果蝇生活史时间确定实验周期。在设计实验时应注意使用果蝇基因型表述规范，尽量完整地写出杂交可能产生的所有后代，再从中挑选需要的果蝇杂交。本实验要特别注意，因为涉及的性状较多，在挑选后代杂交时不仅要注意挑选带有某些性状的果蝇，还要注意是否需要挑选不含有某些性状的果蝇。因为双平衡子果蝇生活力较弱，因此在杂交和保种时都要多备几瓶，防止果蝇绝种。

（4）挑选处女蝇：原理及方法参见《实验21　利用果蝇进行遗传定律的验证》相关内容。

（5）杂交：杂交注意事项请仔细阅读《实验21　利用果蝇进行遗传定律的验证》及其附录。

（6）将得到的可以稳定保存的品系与 UAS-GFP 杂交，在荧光显微镜下验证。请合理设计对照组。

五、作业及思考题

1. 总结挑选处女蝇时的技巧。此时可用哪些特征判断雌雄，哪些特征通常不作为判断依据？为什么？

2. 请写出本实验验证结果时完整的对照组（含阳性对照、阴性对照的基因、饲养温度等）。

3. 某种果蝇有三号染色体的平衡子，请问在减数分裂时，一号和二号染色体还会发生重组吗？

参考文献

[1] DANIEL S J. The art and design of genetic screens: *Drosophila melanogaster* [J]. Nature Reviews Genetics, 2002, 3(3): 176-188.

[2] VENKEN K J T, Simpson J H, Bellen H J. Genetic manipulation of genes and cells in the nervous system of the fruit fly [J]. Neuron, 2011, 72(2): 202-230.

[3] KIM Y C. Distinctive roles of dopamine and octopamine receptors in olfactory learning of *Drosophila melanogaster* [D]. // [anon]. Dissertations & Theses - Gradworks. [s.l.]: [s.n.], 2007.

[4] RALPH J Greenspan. Fly Pushing: The theory and practice of *Drosophila* genetics [M]. New York: Cold Spring Harbor Laboratory Press, 2004.

[5] LELAND H, LEROY H, MICHAEL L G, et al. Genetics: from genes to genomes [M]. Boston: McGraw Hill, 2000.

观察P品系果蝇的杂交不育

一、实验目的

1. 了解果蝇转座因子——P因子，并观察P因子的杂交不育。
2. 理解母源效应对个体发育的影响。

二、实验原理

果蝇可分为P型（paternal contributing，父系贡献型）和M型（maternal contributing，母系贡献型）。P型果蝇的染色体中具有大量的P因子，而M型果蝇中不具有P因子。30多年前野外捕捉到的果蝇几乎都是M品系，而近十几年来野外捕捉到的果蝇几乎都是P品系。可以认为P因子被导入到果蝇新的群体中时便已高度入侵，而侵入因子可能来源于另一物种。由于现有实验室的普通黑腹果蝇建系于摩尔根实验室，因此现在实验室使用的普通黑腹果蝇基本都是M型。

在P型果蝇中，P因子的插入形成了一种可转座系统，在正常情况下的染色体中没有作用。但当P雄果蝇和M雌果蝇杂交时，它们被组织特异性的（仅发生在生殖细胞中）被激活转座，P因子插入到许多新的位点，并在染色体热点（对P因子敏感位点）发生断裂，产生的表型为F_1代果蝇，它有正常体细胞组织，但性腺不发育，即P型雄蝇与M型雌蝇杂交的子代为不育型，但反交可育。

P因子的结构如彩图25-1所示，含有4个外显子和3个内含子。虽然P因子在体细胞和生殖细胞（germline）中都有转录活性，但只在生殖细胞中实现完整的RNA剪接，生成有活性的转座酶，在体细胞中，RNA剪接不完全，最后一个内含子未被除去，只有前三个外显子编码产生66KD的蛋白（彩图25-1）。这种蛋白是转座的抑制因子，或称为阻遏蛋白，阻遏蛋白与新产生的P因子RNA第三个内含子结合，阻止了这个内含子的剪接（彩图25-2）。

当杂交方式为M（♂）×P（♀）或P（♂）×P（♀）时，因为卵细胞中含有大量的66KD阻遏蛋白，抑制了转座酶的激活，因而其后代是可育的。而P（♂）×M（♀）时，因为M系卵细胞细胞质内缺少66KD的转座阻遏蛋白，在杂种的生殖细胞中发生大量的P因子转座，导致劣育或不育（彩图25-2）。在受精卵的分化过程中，生殖细胞中的转座频率特别高，达到每细胞世代一次，如此频繁的转座使得生殖腺中的许多基因失活，并造成染色体重排，最终杂交F_1代表现出生殖障碍。[1]

三、实验材料及用具

实验室 M 型果蝇一瓶、学生自己捕捉的 P 型果蝇（烂水果、废弃矿泉水瓶或罐头、纱布、橡皮筋等）、双筒解剖镜、麻醉瓶、毛笔、乙醚、果蝇培养基等。

四、实验方法及步骤

1. 捕捉野生果蝇：将水果（香蕉皮、葡萄等）放在废弃矿泉水瓶或罐头中，置于野外（最好远离实验室、学校等地方，防止抓到的仍是 M 型果蝇）几天，诱使野生果蝇产卵其中，然后用纱布、橡皮筋盖好收回，待羽化出果蝇后用培养瓶收集起来进行实验。或在水果摊附近收集烂水果直接培养于纱布盖好的瓶中，等待果蝇产出。

2. 实验用培养基配制：参见《实验 4 果蝇生活史观察》相关内容。

3. 本实验要求设计杂交方案，根据实验结果判断捕捉到的果蝇的品系为 P 型或 M 型，注意设计对照组同时实验。

4. 挑选处女蝇：参见《实验 21 利用果蝇进行遗传定律的验证》相关内容。

5. 杂交：杂交注意事项请仔细阅读《实验 21 利用果蝇进行遗传定律的验证》及其附录。

6. 观察子二代果蝇后代产生的情况。由于雌蝇交尾 3～4 天后即可有幼虫孵出，若实验组培养一星期无幼虫，继续培养两星期仍无后代产生，可认为是不育。

五、作业及思考题

1. 请描述你们设计的对照组，并说出为什么设计这些对照组，这些对照组分别能说明什么问题？

2. 总结挑选处女蝇时的技巧。此时可用哪些特征判断雌雄，哪些特征合适，为什么？

参考文献

LELAND H, LEROY H，MICHAEL L G, et al. Genetics: from genes to genomes［M］. Boston: McGraw Hill, 2000.

实验 26 嵌合眼果蝇

一、实验目的

1. 了解果蝇体细胞重组系统 Flp-FRT 及嵌合体果蝇的概念。
2. 掌握果蝇杂交的方法，深入了解果蝇生活史、世代周期。

二、实验原理

（1）Flp-FRT 系统：果蝇的 FLP-FRT 重组系统是一个在有丝分裂过程中可定位地产生重组的技术。flippase 重组酶（即简称为 Flp）是一种来自酵母的酶，它可以识别同源染色体两个同样的 FRT（short flippase recognition target）序列位点，并在此位点产生同源染色体的交叉[1]。如果是杂合体果蝇拥有野生型基因 A 和突变型基因 A^-，A/A^-，这样的细胞经过有丝分裂重组就可以产生一些含有纯合野生型基因 A 的细胞 A/A 和一些含有纯合突变型基因 A^-的细胞 A^-/A^-。一般构建的 Flp 果蝇在 *Flp* 基因前面带有热激启动子，因而只有在热激条件下可以触发有丝分裂重组并产生重组后的细胞、组织。FRT 序列也可以由转基因技术插入果蝇染色体中，需要注意的是，FRT 位点必须比目的基因离着丝粒更近才能进行有丝分裂重组[2]（图 26-1）。

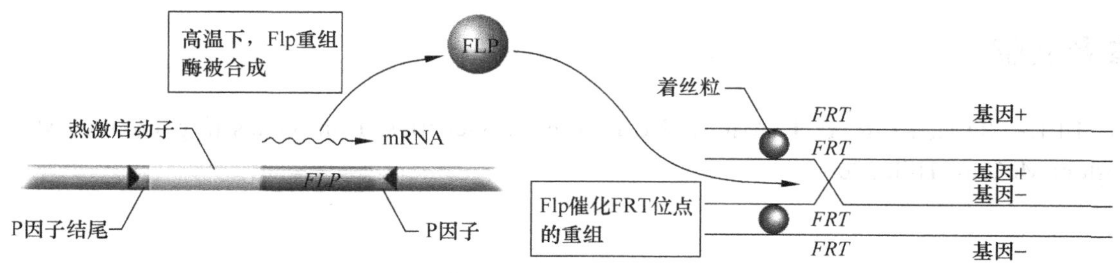

图 26-1　FLP-FRT 系统工作原理[2]

FLP-FRT 系统可以研究同一环境下同一只果蝇中的相邻细胞含有不同目的基因的表现。由于热激产生的重组在子代细胞中才能表现出表型，因此在同一组织中会出现 3 种不同基因型的细胞镶嵌在一起，称为嵌合体果蝇。

（2）果蝇基因型表述规范[3]：参见实验 23 相关论述。

（3）平衡子：参见实验 23 相关论述。

（4）完全连锁现象：参见实验 23 相关论述。

（5）本实验希望构建果蝇复眼的嵌合体，通过基因 A 纯合、杂合和不存在分别表现为红眼、橙色眼和白眼的现象构建，可以在同一只果蝇眼睛中同时表现这三种性状。实验提供三种果蝇如表 26-1 所示，其中 82B、83、90E、99F 位点顺序排列在三号染色体右臂上（着丝粒同一端）。

表 26-1　本实验提供的果蝇基因型及简要说明

基因型	染色体	说明（以下 3 种果蝇均为隐性白眼果蝇转基因构建）
hs-Flp	Ⅰ；Ⅲ	一号染色体带有热激启动子连接下的 Flp。三号染色体在 82B 位点带有 FRT 序列，*neo* 基因带有 G418 抗性，可以由带有 G418 的培养基来鉴别。A 基因位于 83 位点，含有半显性红眼基因（目的基因）及纯合发育致死基因。带有 TM6、Tb 平衡子，具有短蛹性状。
B^{99F}/TM6，Tb	Ⅲ	三号染色体带有 B 基因位于 99F 位点，隐性白眼，纯合致死；带有 TM6，Tb 平衡子，短蛹性状。
neo-FRT^{82B}，C^{90E}	Ⅲ	三号染色体在 82B 位点带有 FRT 序列，*neo* 基因带有 G418 抗性，可以由带有 G418 的培养基来鉴别。C 基因完全显性红眼，位于 90E 位点。

三、实验材料及用具

上述三种基因型果蝇各一瓶、双筒解剖镜、麻醉瓶、毛笔、乙醚、果蝇培养基、水浴锅等。

四、实验方法及步骤

（1）培养基配制：参见《实验 4　果蝇生活史观察》相关内容。

筛选含 *neo-FRT* 果蝇时，需用含 G418 抗生素培养基，具体做法为：先配制 25mg/ml 的 G418 储液，然后按每 1ml 储液加入 50ml 培养基的比例加入新做好的即将装瓶的培养基中，搅拌均匀，再分装到果蝇培养瓶中。筛选时使亲本果蝇杂交产卵于含 G418 培养基上，如能产生后代即为含有 *neo-FRT* 的果蝇。做实验的时候要做一个阴性对照，以确认药物确实起作用，即用不含 *neo-FRT* 基因的果蝇产卵于 G418 培养基上，看能否产生后代。

（2）设计实验：根据实验目的设计实验。最终得到含有 *hs-Flp*、纯合 *neo-FRT*、*A* 及 *B* 基因的果蝇，再进行热激，观察果蝇眼睛颜色。

（3）挑选处女蝇：参见《实验 21　利用果蝇进行遗传定律的验证》相关内容。

（4）杂交：基本杂交注意事项请仔细阅读《实验 21　利用果蝇进行遗传定律的验证》及其附录。

（5）热激：亲本产卵于培养瓶中，培养到出现幼虫时将成蝇导出，培养瓶置于 38℃水浴箱中热激 0.5～1h，然后放入培养箱中常规培养，等待果蝇羽化。新羽化的果蝇眼色较浅，可等待几天至成蝇完全成熟再观察眼色。

五、作业及思考题

1. 请用图说明为什么 FRT 位点必须比目的基因离着丝粒更近才能进行有丝分裂重组？
2. 以位点 82B、83、90E、99F 中的数字部分作为图距，计算从杂交第一步开始至得到最终嵌合眼果蝇的概率。

3. 杂交过程中哪一步不可以反交（即交换雌雄蝇基因型进行杂交），为什么？

参考文献

［1］ZHU X D, SADOWSKI P D. Cleavage-dependent ligation by the FLP recombinase［J］. Journal of Biological Chemistry, 1995, 270(39): 23044-23054.

［2］LELAND H, LEROY H，MICHAEL L G, et al. Genetics: from genes to genomes［M］. Boston: McGraw Hill, 2000.

［3］RALPH J GREENSPAN. Fly pushing: the theory and practice of *Drosophila* genetics［M］. New York: Cold Spring Harbor Laboratory Press, 2004

实 验 27

秀丽线虫生活史观察

一、实验目的

1. 了解线虫发育的各个阶段及其周期。
2. 熟练辨认雌雄同体和雄性线虫。

二、实验原理

自从20世纪60年代遗传学家悉尼·布伦纳（Sydney Brenner）将秀丽隐杆线虫（*Caenorhabditis elegans*）引入实验室以来，线虫已成为遗传学和发育生物学研究的重要模式生物。本部分的遗传学实验都以线虫为实验对象，共涉及8个实验：第一个实验（实验27）主要是通过生活史观察以及雌雄同体和雄虫的鉴别熟悉线虫这个模式生物；之后的实验从通过EMS诱变筛选突变体开始（实验28），到突变体的显隐性分析（实验29），之后通过互补测试判断突变是否发生在某个已知的基因内（实验30），接着进行染色体定位（实验31），染色体内的精细定位（实验32）。

一般来说，精细定位完成后，应该通过显微注射Fosmid转化线虫性腺进行突变体性状复原实验，从而克隆突变基因。但因为线虫性腺转化需要使用高端精密的显微注射仪，而且显微注射技术需要操练数小时后才能掌握，所以略去此实验部分。当通过突变体性状复原实验找到潜在突变基因后，可以通过测序找到突变位点的分子生物学信息进行验证；另外也可以对突变前的线虫进行RNAi，沉默潜在突变基因后，观察表型是否与筛选到的突变体一致，进行验证（实验33）。

最后在线虫基因功能性分析中，常常需要构建复合突变体（双突变、三突变、多突变体），对突变基因在哪条通路上，在通路的上下游的位置，是否存在冗余性，与哪些基因有相互作用等问题进行深度剖析（实验34）。

秀丽线虫（*Caenorhabditis elegans*）属于线形动物门（Nemathelminthes），线虫纲（Nematoda），小杆线虫目（Rhabditida），广杆线虫属（*Caenorhabduts*），是一种生活在土壤中的线虫。自从20世纪60年代遗传学家悉尼·布伦纳（Sydney Brenner）将其引入实验室以来，由于它生活史短、繁殖率高、饲养方便、容易保存、细胞数目少以及可在显微镜下追踪每一个细胞的生长发育等优点，已经成为遗传学和发育生物学研究的重要模式生物[1]。

秀丽隐杆线虫长约1mm，体宽约70μm，身体为半透明，以*E.coli* OP50为食。秀丽线虫生长很快，当食物充足，温度为20℃时，从受精卵到成虫产卵的整个生活史约需3.5天；在25℃时不到3天，在15℃时约需6天。20℃为其最适培养温度[1]。

1. 生活史

（1）卵：线虫的胚胎在母体子宫中就开始了，从母体产出的卵大约处在30个细胞期。胚胎发生完成后，孵化出一龄幼虫（larve 1，L1），约550个细胞。每个雌雄同体成虫可产200～300个卵，用解剖镜观察NGM平板上的卵，为颗粒状，钝椭圆形，富有光泽[2]。

（2）幼虫：在22℃且湿度适宜的培养条件下，野生型线虫N2产出的卵经过大概9h即孵化成L1。线虫的幼虫分为4个阶段，分别为一龄、二龄、三龄及四龄幼虫（L1、L2、L3、L4），L1蜕皮成为L2（约12h），依次蜕变为L3（约8h）和L4（约8h）（彩图27-1）。不同阶段的幼虫可以通过长度和粗细进行粗略区分（彩图27-2），而比较准确的区分可以通过性腺细胞数目的多少和形态判断。在微分干涉显微镜下可以观察到：L1的性腺细胞只有4个（彩图27-2A）；L2的性腺细胞为5～10个（彩图27-2B）；L3的性腺细胞沿着腹侧向虫体两端延伸（彩图27-2C）；L4的性腺正中央的细胞形成一个空腔（彩图27-2D），这个孔在成虫时期外翻（彩图27-2E），即产卵器[2]。

当遇到群体密度很大且食物缺乏，或温度偏高等不利环境条件时，L2不发生蜕皮，不发育为L3，而是成为dauer幼虫，dauer幼虫是为抵御不良环境，如干燥等条件特化而成。在解剖镜下，dauer幼虫显得比L3小，一般不动，但遇干扰，则蠕动得比L3快，dauer幼虫可生存几个月。当食物条件恢复后，dauer幼虫不经过L3幼虫，蜕皮直接进入L4幼虫，这一特点可用于线虫的短期保存[2]。

（3）成虫：L4最后一次蜕皮成为年轻的成虫（约10h），年轻的成虫最后发育为成熟的成虫（约8h），每个雌雄同体成虫可产200～300个卵。野生型N2的雌雄同体成虫在20℃培养条件下，寿命大概为16天[2]。

2. 雌雄鉴别

线虫有两种性别：雌雄同体（hermaphrodite）和雄虫（male），由常染色体与性染色体的比例决定。雌雄同体的线虫有两条X染色体和5对常染色体，既产生精子又产生卵子，可以自体受精繁殖。如X染色体不分离，则产生只有一条X染色体和5对常染色体的雄虫，雄虫只产生精子不产生卵子，雌雄同体自交产生雄虫的比例为0.1%。当XO型雄性线虫与XX型雌雄同体线虫交配时，产生的子代中，50%是雄虫，50%是雌雄同体。从体型看，同时期的雌雄同体线虫比雄虫肥大，在解剖镜下可以看到成熟的雌雄同体成虫性腺（相当于卵巢）有前后两个对称分布的臂，并向背部对称弯曲，腹侧子宫内有一排卵整齐排列，对称分布在产卵器（vulva）两侧（彩图27-3）。如果是产卵有困难的突变体线虫，子宫内有2排或更多的卵，虫体将变得更粗。以产卵器为中心往头尾方向依次为已受精的卵、受精囊（储精囊）、卵细胞以及正在减数分裂的卵母细胞等。

雄虫比较细长，身体粗细变化不明显，无产卵器，其生殖腺只有前臂无后臂。雄虫只产生精子，肩负交配的重任，其尾部为倒三角形。如果从腹侧看，其尾部呈扇形张开，上有左右对称各9个辐条分布，尾部有很多雄虫特有的神经元帮助交配的完成（彩图27-4）。

三、实验材料及用具

处于不同发育时期的野生型线虫（N2）、双目解剖镜、铂金丝挑虫器（picker）、酒精灯、无菌6cm培养皿、LB培养基、线虫生长培养基（nematoda growth medium，NGM）等。

四、实验方法及步骤

（1）培养基配制：参见《实验27　附录Ⅰ　秀丽线虫的培养及繁殖》相关内容。

（2）线虫同步化：线虫卵从产出到孵出需要8～18h（15～25℃），而每次蜕皮之间的时间间隔大概8～12h，为了观察得比较准确，最好使用两个小时内产出的卵作为观察对象，用这样同步化的卵观察生活史可以避免处于不同幼虫阶段的线虫同时出现，混淆判断。

（3）生活史观察：将同步化的N2线虫的卵置于20℃培养箱培养，参照22℃下的线虫生活史，以及各个阶段线虫的长度外形等特征，观察其在20℃培养条件下的发育速度。

（4）雄虫的产生：雌雄同体自交产生雄虫的比例很低，不能满足杂交的需要。一般说来可以通过热激的方法获得比较多的雄虫。挑取L4或L4后期的雌雄同体线虫放到NGM平板中，每盘10条，一共6盘，于30℃热激6h，之后置于20℃条件下培养，在下一代能找到较多的雄虫。

（5）不同性别线虫的观察：根据雌雄同体和雄虫的形态结构特征，挑取不同性别的线虫在双目显微镜或微分干涉显微镜下观察。

五、作业及思考题

1. 雌雄同体和雄虫的区别有哪些？
2. 怎样得到很多发育同步的卵？
3. 列表描述20℃培养条件下野生型线虫发育的各个时期及所需的时间。

参考文献

［1］BRENNER S.The genetics of *Caenorhabditis elegans*［J］.Genetics.1974,77(1):71-94.

［2］FAY D.Wormbook:genetic mapping and manipulation:chapter 1-introduction and basics［G/OL］.［2006-02-17］. http://www.wormbook.org.

［3］ALTUN Z F,HALL D H.Introduction to *C.elegans* anatomy［DB/OL］.2009［2012-04-24］. http://www.wormatlas.org/hermaphrodite/introduction/Introframeset.html.

附录

附录Ⅰ　秀丽线虫的培养及繁殖

（一）生长培养基的配制

1. 大肠杆菌培养基的配制及大肠杆菌的扩增

线虫是以尿嘧啶缺陷型大肠杆菌（OP50）为食，其在NGM平板上不可无限生长，LB液体培养基即可满足OP50的繁殖。具体操作如下：

（1）称取胰蛋白胨（tryptone）1g，酵母提取物0.5g，NaCl 1g，置于洁净200ml玻璃三角瓶中，加蒸馏水100ml，混匀溶解后用1mol/L NaOH调pH至7.0，灭菌后即成LB液体培养基。灭菌后的培养基可在室温保存几个月。

（2）如果在溶液中加1.5g琼脂，用1mol/L NaOH调pH至7.5，灭菌后即成LB-琼脂固体培养基，倒入直径6cm的无菌培养皿中，可用于OP50菌株单克隆的划线分离和保存。平板可置于4℃保存备用。

（3）大肠杆菌的扩增：取出保存OP50单克隆的平板，用无菌牙签挑取一个克隆到100ml LB培养基中，于37℃摇床（220r/min转速）过夜振荡培养。培养好的OP50菌液在4℃可以保存数月。

（4）OP50菌种保存与复苏：取上述过夜培养好的OP50菌液与无菌甘油混合，甘油终浓度为15%，混匀置于−20℃或−80℃保存。在−20℃条件下保存的OP50菌液，解冻后需在LB-琼脂平板上划线复苏再使用。

2. 线虫生长培养基（nematode growth medium，NGM）的配制

（1）称取蛋白胨（peptone）2.5g，琼脂20g，NaCl 3g，置于洁净2000ml玻璃三角瓶中，加入蒸馏水975ml（此混合物为初始培养基），用120℃高压蒸汽灭菌30min，之后置于55℃水浴锅中冷却。

（2）依次加入5mg/ml胆固醇（乙醇溶解，不灭菌）、高压灭菌的1mol/L $MgSO_4$、1mol/L $CaCl_2$、1mol/L磷酸钾缓冲液（pH6.0）各1ml，摇匀即得到完全培养基。1mol/L磷酸钾缓冲液的配制方法为：称取108.3g KH_2PO_4和35.6g K_2HPO_4，溶于1000ml蒸馏水中，调节pH到6.0即可。

3. 倒板

（1）倒平板要在无菌条件下进行，应保证倒入每个无菌培养皿（直径6cm）的培养基量基本一致，否则平板的厚薄相差太大导致观察时需要来回调节焦距。也可以用移液器分装8～9ml到每一个培养皿中，保证每个平板厚度基本一致。

（2）将倒好的平板在室温下放置1～2天，一方面检验是否有污染，另一方面让水汽晾干，之后可倒置于4℃条件下保存备用。

4. 菌液测试

菌液测试：因为OP50菌株是无抗性的，所以在大批量铺菌前需进行菌液测试。

（1）将扩增好的OP50菌液摇匀，用移液器吸取约20μl至NGM平板中，用三角玻棒推开，每瓶菌液测试4～6个平板。

（2）将铺好的平板倒置，于37℃过夜培养。整个过程严格进行无菌操作。

（3）如果确认无污染后，在超净台中将菌液分装到无菌离心管中，约15ml/管，在4℃条件下保存。

（4）若测试板上长出大量杂菌（菌落突起，色泽亮丽），需重新摇菌。

5. 铺菌

可以用两种方法给NGM平布铺菌：涂板法和滴板法。

涂板法：将菌液倒入无菌一次性培养皿（直径6cm）中，用三角玻棒蘸取菌液，铺在平板上，蘸一次铺一个。铺10个培养皿，三角玻棒须蘸上酒精灼烧一次，防止污染培养皿里

的母液。注意三角玻棒不让碰到培养皿的内壁，整个过程无菌操作。

滴板法：准备高压灭菌后的无菌玻璃吸管，在酒精灯上来回移动灼烧后稍晾凉，从分装的菌液中直接吸取菌液，悬空滴在 NGM 平板的中央，可滴 1～3 滴，这种方法可以避免使用三角玻棒接触培养基，污染的概率比较小，缺点是这样得到的菌苔边缘非常厚。

（二）线虫的繁殖

1. 在 NGM 平板间转移线虫的方法

线虫周身透明，可以通过有透视光源的解剖镜进行观察。通常用到的目镜是 10 倍，物镜 1～5 倍多挡，也就是说总共放大 10～50 倍。

可用于 NGM 平板间的线虫转移的三种方法：

第一种非常快速且方便，简称为“chunking”，也即切块法。当平板上的 OP50 被吃光后，用无菌解剖刀切下一小块琼脂（指甲盖大小即可）放入新 NGM 平板上。通常每个小块上有几百条线虫。解剖刀需要提前消毒，通常蘸取 75% 乙醇，在酒精灯上过火，灼烧片刻即可。这种办法广泛用于饥饿平板上的线虫转移，尤其当线虫钻入琼脂内，无法挑取时。切块法主要用于纯合品系线虫的转移，如果是杂合子或者需要通过杂交保存的品系最好不要使用此方法。

第二种方法用灭菌滤纸条转移法，将灭菌滤纸条（通常宽度 1cm，长度 5cm）放到饥饿的平板上，当滤纸吸收了水分并黏附了许多线虫后，轻轻地用滤纸条接触新的平板，实现线虫的转移。同样的，滤纸条转移法主要用于纯合品系线虫的转移，如果是杂合子或者需要通过杂交保存的品系最好不要使用此方法。

第三种方法是用挑虫器（worm picker）挑取单只或多只线虫转移到新的平板中。挑虫器是由铂金丝和玻璃管组成，铂金丝的一端通过灼烧连接到玻璃管上，另一端压平呈铲状。在解剖镜下找到目标线虫后，用挑虫器末端在线虫的附近压琼脂培养基，使线虫爬到挑虫器上再转移到新的平板中；或者用挑虫器末端蘸取少量 OP50，轻轻地而且快速地碰触线虫的上部，线虫被挑虫器上的菌液粘住。往新的平板放线虫时，注意要慢慢降低挑虫器末端，轻轻接触琼脂平面或菌苔边缘等线虫爬出来，不要将琼脂戳破，否则线虫喜欢钻入琼脂中，这样在做雌雄杂交需要统计后代表型时，被统计的群体数会大大减少。挑虫器上的铂金丝升降温非常快，对任何培养皿进行操作的前后都应该将挑虫器的铂金丝过火灭菌。

转移线虫时，注意开关盖子要操作迅速，而且盖子要趴着放在旁边。每个线虫培养皿都需要标记品系名（甚至是详细的基因型）以及日期，字迹清晰以免混淆品系。标记一定要标注在有琼脂培养基的培养皿上，不要标记在盖子上。废弃的平板统一放入有盖的垃圾桶里。

2. 线虫转移频率的确定

转移线虫的频率由培养线虫的基因型、温度以及实验目的决定。杂合子或者杂交群体最好每两代转移一次，而且在 OP50 被食用光前转移操作起来比较简单。如果需要从饥饿平板中转移单只线虫时，可以先通过切块法让线虫爬出来，再挑取目标线虫。如果需要得到有各个发育阶段的线虫群体，可以每一天都转移一次线虫，连续 4 天，基本即可得到包含全部发育阶段的线虫群体。15℃培养的线虫将食物吃光需要的时间比 25℃培养的线虫要长一倍，所以温度决定了转移频率。另外为了防止平板蒸干，可以用封口膜将平板密封保存。

3. 线虫的培养温度

线虫在16～25℃生长良好，常用的培养温度是20℃。已有研究表明25℃下线虫的生长速度比16℃快2.1倍。20℃下线虫的生长速度比16℃快1.3倍。培养线虫时要根据线虫品系的要求在合适的温度培养。因为有的线虫品系只能在16℃生长，在25℃培养时致死或者不育等。也有的线虫品系是温度敏感型的，主要表现为在16℃、20℃、25℃三个温度下的表型是不一样的。

（三）处理污染的线虫

线虫在培养过程中，有可能被霉菌、酵母、黏菌污染，虽然这些污染对线虫没有什么伤害，但是对干净的线虫进行性状统计比对污染的线虫进行相同的操作要准确且重复性好，所以要及时处理污染线虫。

1. 霉菌的清理

如果NGM平板中的霉菌很小，而且只有少量菌丝，没有孢子时，可以用消毒解剖刀切掉霉菌，以阻止其继续繁殖。但是很多时候，发现霉菌时，霉菌菌丝扩散范围比较大，而且孢子也形成了，并飞散到平板各个位置。这时可以通过切块转移法清理线虫上携带的霉菌孢子。具体操作步骤如下：

（1）将解剖刀置于火焰上消毒，切取霉菌污染平板的琼脂一小块，记住要迅速打开和关上已污染平板的盖子。

（2）将小块转移到新平板的琼脂上，记住不要放在菌苔上。等待线虫从小块上爬进菌苔中，在爬行中，线虫体表的霉菌孢子被OP50粘走了。

（3）一旦线虫到达小块对面的菌苔边缘，用挑虫器挑取线虫到新的平板中即可。

2. 黏菌和酵母的清理

黏菌和酵母污染后的线虫，爬行会受到一些影响，尤其是线虫喜欢钻入黏菌堆里，很不利于后续的实验操作。黏菌和酵母的清理主要通过裂解法完成，次氯酸钠裂解液能裂解线虫虫体，但不损伤有卵壳保护的卵。裂解液由5mol/L NaOH溶液和0.5%次氯酸钠溶液按1∶2的体积比混合即可，最好现配现用。具体操作如下：

（1）当污染平板里有很多成虫（体内有很多卵），用无菌水洗平板上的线虫和卵。

（2）将混合液收集到5ml的离心管中，加水直至体积为3.5ml。

（3）将上述线虫水的混合液与1.5ml裂解液混合。

（4）每两分钟漩涡振荡或摇晃离心管10s，持续10min。

（5）将离心管置于离心机中，以1300g转速离心30s，释放成虫体内的卵。

（6）离心完毕，可见离心管底部有卵聚集形成的沉淀，用无菌吸管在避免吸到卵的同时尽量去掉上清液。

（7）加入无菌水5ml，漩涡振荡或摇晃10s，清洗卵。

（8）重复（5）、（6）和（7）步骤3次。

（9）最后离心后去上清液，离心管里剩余100μl水和卵的混合液，用无菌玻璃吸管将液滴转移到新NGM平板琼脂上。

（10）第二天可见孵出的线虫爬到OP50菌苔中，用挑虫器转移这些线虫到干净的平板中即可。

如果需要裂解的线虫不多，可以直接在菌苔外的琼脂上，用移液器（200μl 量程）将裂解液滴在菌苔外，然后将成虫或卵置于裂解液中，裂解液被吸干后继续补加，每次一滴直至成虫裂开，卵释放了为止。之后跟上述步骤（10）操作相同。

（四）线虫的冻存与复苏

1. 线虫的冻存

线虫可以在液氮中永久保存，这为线虫广泛应用于科学研究提供了方便。线虫冻存成功与否取决于三个因素：用于冻存的线虫处于合适的发育阶段；冻存液中甘油的比例合适；在－80℃条件下缓慢降温。

与非饥饿状态的线虫以及卵相比，刚刚处于饥饿状态的小幼虫（L1～L2 时期）在冻存后仍有较好的存活率。因此一般选刚刚处于饥饿状态（OP50 菌苔已被吃光），且有比较多 L1～L2 线虫的平板用于冻存。当冻存液中甘油的终浓度为 15% 时，即可保证比较好的存活率。在冻存过程中，必须保证以每分钟下降 1℃的速度降温直至－80℃。首先将含有冻存线虫的冻存管置于泡沫聚乙烯盒子（盒子中有插入冻存管的空腔），然后将盒子置于－80℃冰箱中，12h 后即可完成，之后可以将冻存管放于其该永久保存的位置。

解冻在液氮中冻存的线虫，一般有 35%～45% 的存活率，而且多年（大于 10 年）保存后存活率也没有太多的变化。－80℃冰箱中保存 10 年以上的线虫的存活率比液氮冻存的稍低，但是能存活的线虫数目还是可观的。但是如果偶尔遇到停电或者火灾等其他自然灾害，－80℃冰箱保存的线虫都会死亡，所以同时在液氮罐里保存一个备份是很明智的做法。

冻存需要两种溶液：S 缓冲液以及含有 30%（体积分数）甘油的 S 缓冲液。S 缓冲液配方：0.05mol/L K_2HPO_4 129ml，0.05 mol/L KH_2PO_4 871ml，NaCl 5.85g。

具体步骤如下：

（1）准备 1～2 盘刚刚处于饥饿状态的线虫（L1～L2 时期幼虫比较多），用 0.6ml S 缓冲液收集线虫洗到 1.5ml EP 管（测试管）中。

（2）加入等体积的含有 30% 甘油的 S 缓冲液，混匀。

（3）分装 1ml 到 2.0ml 细胞冻存管中，标记好线虫株名以及冻存日期，剩下的液体保留在测试管中。

（4）将冻存管及测试管放入聚乙烯泡沫盒的插孔中。

（5）将泡沫盒放入－80℃冰箱中，降温至少 12h。

（6）第二天将测试管解冻，观察线虫存活情况，如果存活比率没有问题，可将冻存管转移到线虫永久冻存的位置。

2. 线虫的复苏

从－80℃冰箱取出细胞冻存管，在两手掌间来回搓冻存管，待冻存物与管壁脱离却未完全融化时，磕在准备好的 NGM 平板中，待液体吸干后，即可倒置培养。一般几个小时后，即有大量活跃的 L1 在爬动，用挑虫器转移到新平板培养，防止染黏菌。注意必须马上将融化的线虫冻存混合液置于平板上，否则复苏效率低。

附录Ⅱ 秀丽线虫相关实验操作注意事项及技巧

1. 线虫生长培养基

线虫生长的初始培养基和后添加成分（胆固醇例外）分开灭菌，降温到60℃时才加入$MgSO_4$、$CaCl_2$、磷酸钾缓冲液（pH6.0）和胆固醇（无需高温灭菌）。培养基平板的制备一定在超净台中完成，注意无菌操作，减少不必要的污染。

2. 线虫的食物

给制备好的培养基平板铺菌同样也在超净台中完成，尽量将菌液滴在或者涂在平板中央（防止线虫爬到平板边缘干死或者丢掉了），因为OP50是无抗性的大肠杆菌，容易污染杂菌，并且新培养的菌液要先进行测试，确保培养时无杂菌污染才可大规模使用，污染的杂菌会影响性状观察和实验结果。

3. 线虫生活史和表型观察

这两部分是整个线虫遗传实验最重要的基本知识，每个人都需要记录并熟悉线虫的生活史，熟知不同阶段的线虫的外形特征（特别是L4和成虫）；能熟练区分雌雄同体线虫和雄虫；识别典型的突变体Unc和Dpy，以便能很好地计划和安排日后的实验，达到事半功倍的效果。

4. 线虫的基本实验操作

熟练使用挑虫器（自制铂金丝小铲），达到如下要求：操作迅速，做到“挑得起”，“放得下”；准确，不顺带别的虫子和卵；及时烧挑虫器，防止交叉污染其他的线虫或者污染空气中的杂菌；不挑破培养基，不挑死虫子。

5. 设计实验

实验开始前应根据实验目的，仔细设计实验，确定每一代杂交亲本的基因型、性别和数量，何时挑选L4线虫进行杂交，何时除去父本防止回交或将母本转移至新的平板，根据不同温度下线虫生活史时间大致确定实验周期。

6. 线虫遗传学实验技巧

杂交时期：L4雌雄同体虫体腹侧中部有半月形白斑，在线虫爬行时能清楚地看到。处在L4阶段的线虫的性腺开始产生精子，所以早期L4阶段的线虫是“处女虫”。当我们需要得到两性杂交后代时，在杂交前就应该挑早期L4雌雄同体与雄虫进行杂交。

杂交：选用OP50菌苔较小的平板作为杂交平板可以提高交配效率，另外雄虫比例较高时也可提高交配效率。一般雄虫∶雌雄同体为2∶1～3∶1时有不错的交配效率，当雌雄同体为比较弱的突变体时，建议增加雌雄同体的量（比例可以调至1∶1），以防止某些母本产卵少或不产卵，导致交配后代很少。尤其是在做测交需统计下代各种线虫的表型时，更要保证有足够多的杂交后代可以统计。

将亲本基因型和数目以及杂交时间记录于杂交平板上，将选定的亲本放于菌苔上，一般两天后即可见到有L1时期的F_1代线虫。此时可以处死亲本中的雄虫，防止其与L4时期的子代F_1线虫回交，此时也可将亲本中的雌雄同体线虫转移到新的平板中，避免杂交后代线虫过多，不便于挑选杂交线虫。当子代 F_1 长到 L4 时期时，将杂交线虫转移出来，单虫单盘培养，便于之后的性状统计。开始学做线虫杂交时，可以同时做几盘平行组，保证成功率，节省时间。

7. 日常操作注意事项

（1）注意开关盖子要操作迅速，而且盖子要趴着放在旁边。

（2）每个线虫培养皿都需要标记品系名（甚至是详细的基因型）以及日期，字迹清晰以免混淆各个品系，不要标记在盖子上。

（3）废弃的平板统一放入有盖的垃圾桶里。

（4）注意保持培养箱温度和湿度的稳定。尤其要注意防止温度偏高，线虫长时间受到热激，生长发育缓慢甚至死亡。

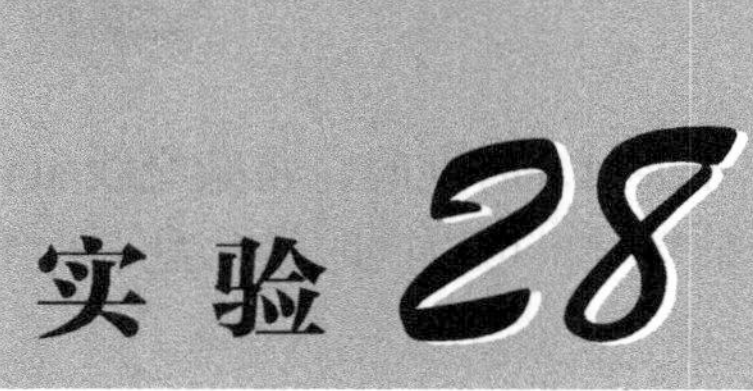

线虫的 EMS 诱变及突变体的筛选

一、实验目的

1. 了解线虫发育的各个阶段及其周期。
2. 学习 EMS 诱变定向筛选运动不协调曲体型线虫突变体（uncoordinated, Unc）的方法。

二、实验原理

烷化剂甲磺酸乙酯（ethyl methanesulfonate，EMS）是获得线虫突变品系过程中最常用的化学诱变剂。早在 1974 年，Brenner 使用 EMS 对野生型线虫株系 N2 进行化学诱变，获得了约 300 个形态或行为异常的突变体[1]。EMS 能使 DNA 的鸟嘌呤的第六位烷化变为腺嘌呤，使胸腺嘧啶的第四位烷化变为胞嘧啶，在 DNA 复制过程中分别与胸腺嘧啶和鸟嘌呤配对。在线虫精子、卵子生成过程中，对线虫进行 EMS 诱变，使 DNA 突变遗传至配子中，雌雄同体自交繁殖，后代中将出现不同的突变体。

由于线虫的精子生成在 L4 阶段，卵子生成发生在年轻成虫阶段，我们用 EMS 诱变处理的是 L4 时期线虫，只影响了线虫的精子生成。所以 F_1 代线虫所携带的突变为杂合的，至 F_2 代才可能获得纯合体突变，因此，遗传学上 EMS 诱变后进行的突变体筛选都在 F_2 代或 F_3 及之后产生的个体中进行（图 28-1）。事实上，在 F_1 代也会进行筛选，在 F_1 代进行筛选目的是获得显性突变体（dominate mutant），F_2 代筛选能获得纯合隐性突变体（recessive mutant）。

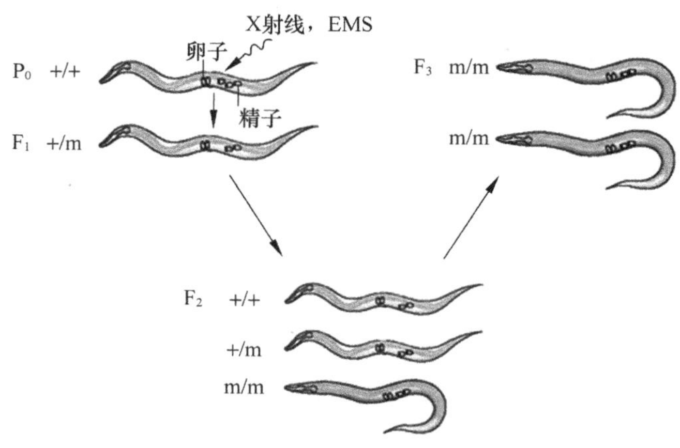

图 28-1　EMS 诱变筛选突变体示意图

三、实验材料及用具

野生型线虫（N2）、双目解剖镜、铂金丝挑虫器（picker）、酒精灯、无菌 6cm 培养皿、LB 培养基、NGM 培养基等。

四、实验方法及步骤

1. 培养基配制：参见《实验 27 附录Ⅰ 秀丽线虫的培养及繁殖》相关内容。M9 缓冲液配制：称取 KH_2PO_4 3g，Na_2HPO_4 6g，NaCl 5g，加双蒸水定容至 1L，灭菌后补加 1ml 浓度为 1mol/L 的 $MgSO_4$。

2. 收集线虫：平板上待收集进行 EMS 诱变的线虫应该以 L4 为主。L4 很容易辨认，在体侧中后部有新月形白斑。仅当有较多量 L4 时期幼虫存在时才可进行后续实验，否则被诱变的样本量不够。收集线虫前一般挑选早期 L4 置于未接种 OP50 的 NGM 平板上，作为对照线虫，以利于在 EMS 诱变结束后，准确挑选 P_0。

（1）在超净台中，用 5ml M9 将培养皿中线虫悬浮，转移至无菌离心管中（用无菌玻璃吸管），注意不要用无菌枪头转移，虫子会被粘在无菌枪头壁上。

（2）以 1500r/min 转速离心 1min，去上清液（避免悬起虫体沉淀）。

（3）加入 5ml M9 重悬虫体，重复步骤 2 两次，去掉残余 OP50，最后加入 M9，重新悬起虫体至 3ml。

3. EMS 诱变：因为 EMS 为强致癌物，实验中凡与 EMS 溶液接触过的物品（枪头、含 EMS 的废液、离心管、手套）都用 KOH 处理。与 EMS 有关的操作都应在通风橱内完成。注意佩戴手套，并及时检查手套的完整性[1,2]。具体操作步骤如下：

（1）在通风橱中（带橡胶手套操作），取新的离心管一只，加入 1ml M9，再加入 20μl EMS，EMS 不溶于 M9，沉在底部。用手指弹敲或震荡离心管，直至 EMS 均匀分散到溶液中。EMS 的终末浓度为 47mmol/L。

（2）在通风橱中将（1）中得到的 EMS 溶液转移到步骤 2 得到的虫体悬液中，混匀，拧紧盖子，用封口膜密封。

（3）将离心管置于恒温旋转摇床上，于 20℃振荡 4h。

（4）以 1500r/min 转速离心 1min，在通风橱中去上清液，用 M9 清洗 3 次。

（5）最后一次留下约 1ml 的 M9，用玻璃吸管将虫子混匀，滴在新平板的 OP50 菌苔边缘。

（6）将对照线虫也转移到另一已接种的 NGM 平板的边缘。

（7）约 2 h 后，健康年轻的 L4 晚期线虫将爬到菌苔内，依据对照线虫，从菌斑上挑选健康的 L4 晚期线虫作为亲本（P_0）放入已接种的 NGM 平板中。一般挑选 100 只左右。由于线虫此时处于饥饿状态，一般情况下可见的腹部新月状白斑并不太明显。此时，处于 L4 末期的虫子上特有的新月斑位置的点状突起仍然可见，这是挑选合适时期虫子的最重要依据。

（8）挑选 100 只 P_0，分到 4 个培养皿中。

4. 老化培养：将挑选的 P_0 放入 20℃培养箱下培育 12h，让线虫发育为具有产卵能力的成虫，并放弃这 12h 内产的卵。

5. F_1代培养

（1）将每个平板里的P_0转移到新的NGM平板中。

（2）每间隔3～4h转移P_0成虫到新的培养皿中，在每个旧培养皿里将留下50～80个卵，即F_1。

（3）转移3次。

（4）最后一次杀死亲本。

（5）将得到的16个F_1平板置于20℃培养箱内培养。

（6）两天后，子一代卵孵出的F_1幼虫基本为L4，按照每个NGM平板中放10条大小基本一致的线虫的原则，将所有达到L4阶段的F_1分盘到新平板中。

（7）剩下的小于L4阶段的线虫继续在20℃培养，到达L4阶段时，重复步骤（6）。

（8）将分好的所有F_1，第一批放到25℃，第二批放到20℃，最后两批放到15℃培养。

6. F_2代培养

（1）当每个培养皿内的10条F_1产有100～120个卵时，杀死F_1代线虫。

（2）在20℃培养箱内培养F_2代线虫，约60h后，F_2代线虫达到成虫阶段。可以利用线虫在不同温度下发育速度的差别，将线虫分批放在不同温度的培养箱内，控制线虫的生长速度，方便筛选的完成。

7. 突变株的筛选

当F_2达到成虫阶段后，即可开始筛选运动不协调的曲体型线虫，我们的目标是筛选Unc线虫。主要是考察线虫运动情况、运动轨迹，但最重要的还是线虫后退运动的情况。用挑虫器的铂金丝小铲碰触N2成虫头部时，线虫会后退且轨迹像正弦曲线，后退非常顺利流畅，而Unc表型线虫几乎不能后退或后退时有扭曲现象。

因为N2线虫偶有后退不协调表型（不可遗传的），所以通常情况下，我们能在F_2中找到很多候选突变体。一般将这些线虫挑出，且每条虫单独放一个平板培养。观察F_3的表型判断找到的是否为真正的突变体。因为非染色体突变不会遗传给下一代，而真正的突变体，其后代将遗传EMS诱变中产生的基因突变。

一般认为来自同一个F_2平板的突变体是同一个F_1的后代，是同样的突变体。因为两个突变的F_1在同一盘的概率太低了。当筛选量不大时，也可以将每条F_1单独放一盘。

8. 突变体的纯合

当产生的突变是隐性时，筛选得到的突变体应该是纯合的；当是显性突变时，有可能是纯合的或者是杂合的。在进行基因定位前一定要保证突变体是纯合子，否则将得到错误的定位数据。具体方法如下：

（1）挑选具有突变表型的雌雄同体L4线虫10条。

（2）将每条L4线虫放入一个平板中，置于20℃培养。

（3）选择合适的时期（年轻成虫），观察每个线虫后代的表型。

（4）比较这10条线虫的表型是否相似或一致，注意某些突变体可能有外显率的差异。

9. 突变体的回交

EMS诱变的过程中除了产生定向突变外，也能产生很多其他无法识别的突变，有的背景突变使得线虫活力降低，繁殖力降低，虫体形态发生细微变化等。这些现象或多或少地将影响突变体功能方面的研究。所以在做功能分析前一般要进行4次回交，将其染色体换成野生型或者是没有经过EMS诱变处理的线虫的染色体，将背景突变弃掉。但是如果需要对突变体定位、显隐性分析等后续遗传实验，无须专门进行回交，因为基因定位、显隐性分析中杂交处理就是换染色体的过程，就是回交。

当 *unc-x* 作为母本或父本，是显性或隐性突变时，比较杂交后代中雄虫和雌雄同体的表型，并充分利用这个差别设计最佳回交方案，进行 4 次回交。

五、作业及思考题

1. 每 10 条 F_1 放入一个平板中，在其产生的 F_2 中筛选目的突变体，如果有 99% 的概率至少筛到一个突变体，则必须保证每个 F_1 至少产多少只卵？
2. 当 *unc-x* 为显性突变时，要设计 4 次回交实验，为什么？
3. EMS 诱变实验中最重要的步骤是什么？

参考文献

[1] BRENNER S.The genetics of *Caenorhabditis elegans* [J]. Genetics,1974,77(1):71-94.

[2] THE HERMANN LAB.EMS mutagenesis [EB/OL]. [2005-12-28].http://www.k-state.edu/hermanlab/protocols/ems_mutagenesis.htm.

利用线虫进行遗传定律的验证

一、实验目的

1. 通过线虫杂交实验分析突变基因（*unc, rol, lon*）的显隐性关系。
2. 掌握线虫杂交的方法，深入了解线虫生活史、世代周期，熟练辨认两种性别的线虫。
3. 验证基因分离、自由组合定律，熟练运用生物统计学的方法对实验所得数据进行分析，得出合适结论。

二、实验原理

（1）遗传定律的验证：孟德尔提出基因的分离定律和自由组合定律，并对其进行了验证。通过追踪拥有一对相对性状（或两对相对性状）亲本杂交（包括正交和反交）产生的子一代，我们可以在线虫中验证基因的显隐性，观察其是否有伴性遗传。通过观察子一代自交产生的子二代的性状及其所占比例，验证基因的分离定律（或自由组合定律）。

（2）卡方检验：卡方检验可以用来检验样本的实测值与理论值间的差异是否可以解释为抽样随机误差[1]。验证遗传定律时，首先应确定自由度f，建立无效假设（实测值与理论值之间没有真实差异，实验结果所得的差异是误差所致），计算卡方值，并在相应自由度下查找该卡方值在多大程度上可以支持无效假设。

（3）L4 的识别：雌雄同体线虫可以产生卵子，也可以产生精子，能够自交产生后代，雄虫只能产生精子，当我们需要得到两性杂交后代时，在杂交前就应该挑 L4 雌雄同体线虫与雄虫进行杂交。L4 虫体腹侧中部有半月形白斑，在线虫爬行时能清楚地看到。雌雄同体线虫发育到 L4 后期开始在性腺里产生约 300 个精子，精子储存在性腺近受精囊端；随后开始产生卵子，排出的第一个卵子将近端的精子推入受精囊内使之活化，完成受精[2]。雄虫在 L4 后期开始产生精子，储存在精囊中，在与雌雄同体交配时被排出并活化。发生交配后，雌雄同体线虫优先利用雄虫的精子进行受精。L4 早期的雌雄同体线虫正产生卵子，没有发生自交。L4 一般持续 12h，进入年轻成虫阶段就开始有自交发生，所以一般挑选早期 L4 进行杂交。

（4）挑选 L4 和雄虫：挑选 L4 是杂交过程中很重要的一步，L4 中如果掺杂已经自交的雌雄同体会影响整个实验结果。雄虫和雌雄同体线虫的分辨在《实验 27　秀丽线虫生活史观察》中有详细说明。在挑选雄虫时切记不要带入雌雄同体成虫、幼虫、卵等，在挑选各突变型的 L4 时，因为 Unc、Rol 表型的线虫的爬行有缺陷，不如野生型 L4 好辨认，在没有把握的时候，可以挑取比 L4 稍小的雌雄同体。

（5）杂交及培养注意事项：按照所设计的杂交组合，选出相应雌雄同体 L4、雄虫共同放入一个平板上。为了提高杂交效率，平板上的菌苔面积比平时要小。在平板的底部写好杂交亲本的基因型、杂交日期等，然后将平板放入 20℃的培养箱内进行培养。杂交完成后，当平板上有杂交后代的卵或 L1 时，可以将母本转移到新的平板产生杂交后代，同时将杂交盘内的父本杀死。一般 3 天后杂交后代已经处于 L3 或者 L4 时期，如果需要挑取的是杂交后代中的雌雄同体个体，那么每隔 12h 转移杂交代的雌雄同体线虫，并杀死杂交后代中的雄虫，如果需要挑取的是雄虫，则无须此操作。

（6）杂交亲本数量：关于杂交时使用线虫亲本的数量，取决于此次杂交目的。如果仅需适量后代进行下一步杂交，则杂交时可以选出雌雄同体线虫 4～5 条，雄虫 8～10 条，就可以在良好的培养基中得到几百条后代。不过如果使用挑虫器不熟练的话，可能这 4～5 条雌雄同体线虫不能全活，或者雄虫被受伤了，为了以防万一，可以等比例地多放雌雄同体线虫和雄虫。

如果为了统计大量后代性状比例时，每种杂交组合中最好放入雌雄同体线虫 10～15 条，雄虫 20～30 条，并且可以在幼虫出现后让亲本转入新平板继续产卵，这样就能保证杂交平板的 OP50 不被吃光，得到比较多的杂交后代，而且减少了线虫密度，更容易辨认表型。

三、实验材料及用具

野生型线虫（N2）一盘、运动不协调的曲体型（uncoordinated，Unc）线虫 *unc-75*（*e901*）一盘、滚动型（roller，Rol）线虫 *rol-6*，增长型（long，Lon）线虫 *lon-2*（*e678*）一盘，双筒解剖镜、挑虫器、NGM 平板等。本实验中所用 4 种线虫的表型如图 29-1 所示。

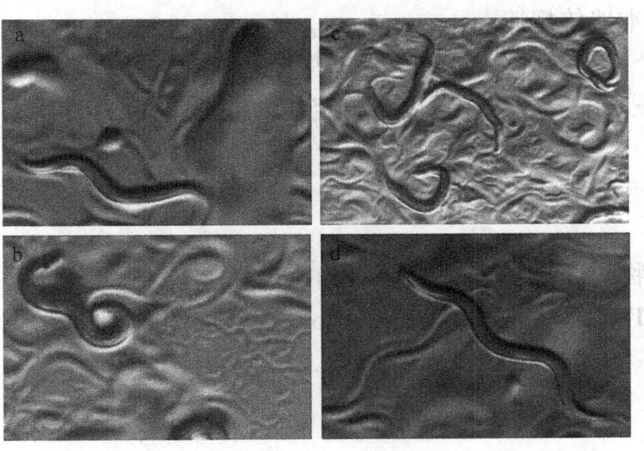

图 29-1　实验材料中各线虫品系的表型

a. N2；b. *unc-75*（*e901*）；c. *rol-6*；d. *lon-2*（*e678*）

四、实验方法及步骤

（1）培养基配制：参见《实验 27　附录Ⅰ　秀丽线虫的培养及繁殖》相关内容。

（2）突变型观察：在解剖镜下仔细辨认各种突变类型，这几种突变体表型都表现在外形上，可以通过挑虫器拨弄线虫辅助辨认。因为杂交后代中需要通过统计各种性状线虫的数目来进行遗传规律的验证，所以必须能熟练区分野生型和突变型线虫。在杂交实验中，同组同学应该先统一识别标准，再分工合作，这样才能保证对于性状的识别不出现较大偏差。

（3）设计实验：实验开始前应仔细设计实验，根据实验目的，确定每一代杂交亲本的基因型、数量，何时挑选 L4，何时除去父本防止回交或将母本转移到新平板产生杂交后代，根据线虫生活史时间确定大致实验周期。

（4）培养箱使用注意事项：每次开培养箱时要注意温度（一般培养箱外面会有屏幕显示温度，并且里面会放置一水银温度计，两者都要注意）是否正确。如果温度离设定温度（一般为 20℃）偏差超过 3℃以上，及时和老师联系。培养箱最下方有个塑料盘，盘中要一直保持有水，这样的湿度适于线虫发育，NGM 平板变干后会影响线虫生活史。培养箱不能长时间开着门，温度变化过大会影响线虫发育时间。另外如果室温与培养箱温度差别太大时，在实验台上的操作必须迅速，避免线虫被热激。

（5）收集结果并分析：当有 F_1 个体长到年轻成虫的时候，观察其表型，注意显、隐性关系并计数统计。将每只 F_1 雌雄同体线虫放一个平板，F_2 线虫长到年轻成虫的时候，进行观察统计，观测数目至少在 200 条以上。按照所配制的杂交组合，提出理论假设并根据实验结果进行卡方检验。进行数目统计时，注意将已确定性状的线虫杀死，或者将同种性状的收集到一个新平板中。因为线虫生长速度不一，观察时间较长，可以避免平板中出现两代线虫的混淆，影响了数据统计，得出错误的结论。

五、作业及思考题

1. 确定实验材料中的 3 种突变体的显隐性，观察其是否伴性遗传。通过 F_2 代性状统计，判断是否可以验证基本遗传规律。
2. 怎样判断一个突变基因是伴 X 隐性基因，还是伴 X 显性基因？
3. 可以用作验证基因的分离或自由组合定律的生物（或性状特征）应符合什么条件？

参考文献

［1］罗斯纳. 生物统计学基础［M］. 孙尚拱，译. 5 版. 北京：科学出版社，2005.

［2］GREENSTEIN D. Wormbook: control of oocyte meiotic maturation and fertilization［G/OL］.［2005-12-28］. http://www.wormbook.org.

实验30

互补测试在秀丽线虫基因定位中的应用

一、实验目的

1. 学习互补测试的原理，掌握它的使用方法及适用条件。
2. 通过互补测试判断突变等位基因和已知等位基因是否位于同一个基因。

二、实验原理

由于不同的基因突变可能导致同样的表型，所以当找到一系列的相同表型的突变体时，需要先将它们进行基因分配，此时我们需要用到一个简单又强大的遗传工具——互补测试。1974 年，悉尼 · 布伦纳发表的“The Genetics of *Caenorhabditis elegans*”一文中，他利用互补测试将 256 个突变分成了 77 个互补组，大大简化了其后的研究。在一次成功的 EMS 诱变筛选结束后，互补测试能简单快速地告诉我们到底有几个基因发生了突变[1]。

进行互补测试的两个突变基因（m_1m_2）必须是隐性的，而且表型相同或相似。当两个突变基因位于两条染色体上，这种组合称为反式排列，如果两个突变基因位于一条染色体上，这种组合称为顺式排列。如图 30-1 所示，在反式排列中，如果两个隐性突变表现出互补效应（表型为野生型），则证明这两个突变分别属于不同的基因（$m_1/+$，$m_2/+$）；如果不能表现出互补（表型为突变表型），则证明这两个突变是在同一个基因内（m_1/m_2）。

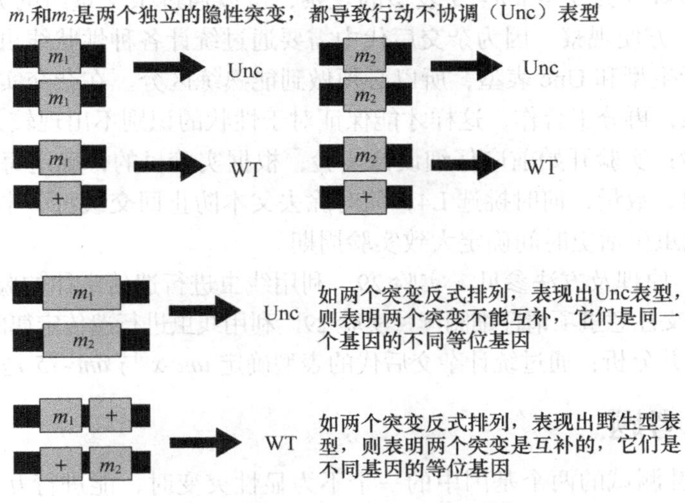

图 30-1　互补测试示意图[2]

互补测试有以下功能：①判断表型相同或相似的基因是否属于同一个互补群；②快速判断EMS诱变筛选得到的突变体是否为已知基因的突变。互补测试对诱变筛选后找到目的基因的工作极其重要。

由于互补测试中是通过观察两个亲本杂交后代的表型判断是否互补，所以必须保证表型统计中用的是杂交后代，不是母本自交产生的后代。为了区分子代是来母本自交或者父母本杂交，通常给父本带上显性遗传标记，或者给母本带上形态上的隐性遗传标记。另外如果突变品系是不育的，只能以杂合子的状态保存，因此不能用两个纯合突变体杂交得到后代，此时需要辅助的标记帮助确定哪些是真正的互补测试杂交后代。

三、实验材料及用具

野生型线虫（N2）一盘、短胖曲体型线虫 *dpy-5*（*e61*）*unc-75*（*e950*）I 一盘，运动不协调曲体型线虫 *unc-x* 一盘，双目解剖镜、铂金丝挑虫器、酒精灯、无菌培养皿（直径6cm）、LB培养基、NGM培养基等。3种线虫的表型如图30-2所示。

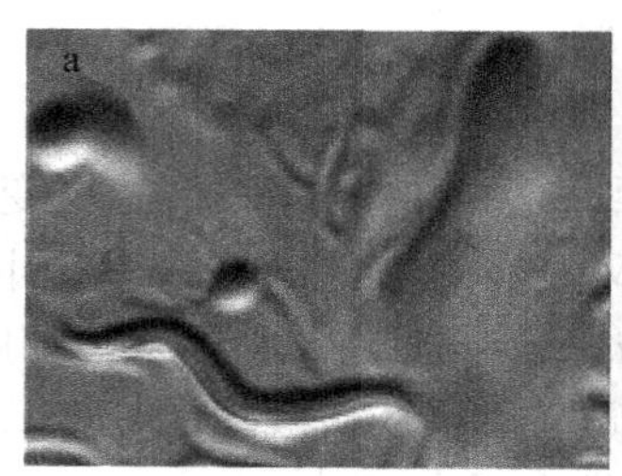

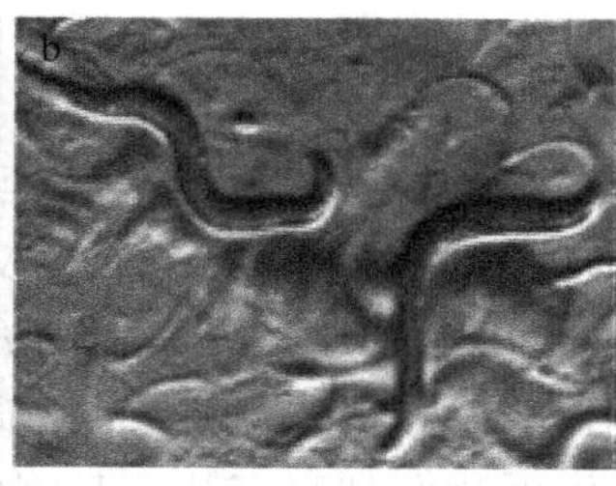

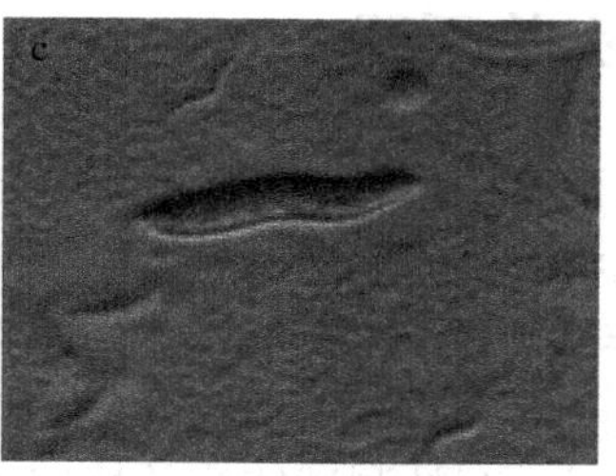

图30-2　实验材料中各线虫品系表型

a. N2；b. *unc-x*；c. *dpy-5*（*e61*）*unc-75*（*e950*）I

四、实验方法及步骤

（1）培养基配制：参见《实验27　附录Ⅰ　秀丽线虫的培养及繁殖》相关内容。

（2）突变型观察：在解剖镜下仔细辨认 *dpy-5*（*e61*）*unc-75*（*e950*）I 和 *unc-x* 线虫的表型，如果觉得 *dpy* 影响对双突变中 *unc-75* 表型的观察，可以通过杂交重组的方式去掉 *dpy-5*，得到 *unc-75* 纯合子，方便观察。因为杂交后代中需要通过统计各种性状线虫的数目来进行遗传规律的验证辨别野生型和Unc表型，所以必须做到能熟练区分。在杂交实验中，同组同学应该先统一识别标准，再分工合作，这样才能保证对于性状的识别不出现较大偏差。

（3）设计实验：实验开始前应仔细设计实验，根据实验目的，确定每一代杂交亲本雌雄个体分别的基因型、数量，何时挑选L4，何时除去父本防止回交或将母本转移到新平板产生杂交后代，根据线虫生活史时间确定大致实验周期。

（4）挑选L4：原理及方法参见《实验29　利用线虫进行遗传定律的验证》相关内容。

（5）杂交：杂交注意事项请仔细阅读《实验29　利用线虫进行遗传定律的验证》相关内容。

（6）收集结果并分析：通过统计杂交后代的表型确定 *unc-x* 与 *unc-75* 是否是同一个基因。

五、作业及思考题

1. 当进行互补测试的两个基因中的一个不为显性突变时，能进行互补测试吗？如何预测结果。

2. 如何在排除互补测试中区分杂交后代和母本自交后代?

3. 如何设计互补测试判断两个不育突变品系 A、B 对应的突变 *a*、*b* 是否为同一个基因的突变?

参考文献

[1] BRENNER S.The genetics of *Caenorhabditis elegans* [J].Genetics,1974,77(1):71-94.

[2] YOOK K.Wormbook:complementation [G/OL].[2005 -10-06] .http://www.wormbook.org.

线虫基因的染色体定位

一、实验目的

1. 通过线虫杂交实验确定未定位基因突变位于哪条染色体上。
2. 熟练掌握线虫杂交的方法。

二、实验原理

（1）两点定位法（two-point mapping method）：这是染色体定位的最原始方法，线虫的每个染色体上都有许多已经准确定位而且具有典型表型的标志基因，如 *dpy-18* 基因，*unc-75* 基因等。通常将突变体（*m*）与带有标志基因（*a*，A 表型）的线虫杂交，在 F_1（*m/a* 或 *m*/＋，*a*/＋）自交产生的后代里，统计能同时遗传两个性状的线虫的数目，从而确定突变基因与标志基因是否在同一个连锁群，以及它与标志基因的粗略位置。例如当所有或绝大多数 A 表型的线虫都不具有突变体性状，则说明 *m* 与 *a* 在同一染色体上，而且它们之间距离很近；如果 A 表型的线虫中，1/4 的线虫同时带有突变体性状，则说明 *a* 与 *m* 不在同一条染色体[1]。

在传统的两点定位法中，我们通常用包含两个相近的染色体标志基因（而不是只有一个染色体标准基因）的线虫，这样通过两点定位法得到的线虫可以用于后续的三点定位实验中。如图 31-1 所示，相隔很近的两个标志基因 *a b* 少有重组，可以作为一个连锁群，指示本条染色体的存在，从而判断未知基因是否在同源的另一条染色体上。同样的，当所有或绝大多数 AB 表型的线虫都不具有突变体性状，则说明 *m* 与 *ab* 在同一染色体上，而且它们之间距离很近（图 31-1 中的 *a.*）；如果 AB 表型的线虫中，1/4 的线虫同时带有突变体性状，则说明 *ab* 与 *m* 不在同一条染色体（图 31-1 中的 b.）。

以上所述的标志基因和待定位基因之间的位置关系是非常理想的情况，我们能清晰地判断出待定位基因的位置。不过当标志基因与待定位基因在同一个染色体上且相隔甚远时，有可能得到的是两者不在同一个染色体上的判断。

（2）平衡子（balancer）：即能够阻止重组发生的染色体重复或染色体重排等遗传结构，是线虫的重要遗传工具。最早在 1976 年，悉尼 · 布伦纳（Sidney Brenner）等研究者为了保存 X 染色体上的致死突变基因而引入平衡子这一概念，经过重复、倒置、置换后的染色体几乎不与其同源染色体发生同源重组过程，能很方便地保存致死突变体[3]。因为平衡子一般还被人为地插入了一些显性的突变基因和隐性的致死基因（纯合致死），它们就成为杂交鉴定和保存致死基因品系的重要工具。线虫中，目前已知的平衡子至少能覆盖 70% 以上的基因组。其实两点定位法中的 *ab* 基因的实质就是平衡子，不过不能完全阻止重组的发生罢了。除了第二和第四号染色体的左半段

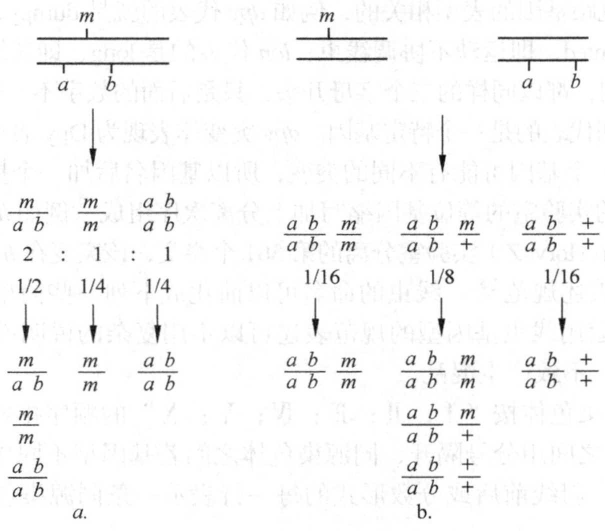

图 31-1 两点定位法图解[2]

几乎无平衡子外，线虫的其他染色体上几乎被不同的平衡子覆盖。平衡子在重组实验中可以起到十分重要的作用，由于其不进行重组和带有显性标记性状的特征，使得其很容易表征本条染色体是否存在，也就可以进一步用来追踪同源的另一条染色体的存在与否[4]。

（3）平衡子的命名：平衡子的名字由斜体字母组成，由表征实验室来源的小写字母开头（一般是该实验室的等位基因名的前缀），后面为表示染色体重排类型的大写字母，接着是分离次序，最后加一个括号，里面注明是哪个染色体上的染色体重排。例如 *sT2*（Ⅰ；Ⅲ）表示的是贝利（Baillie）实验室（等位基因名缩写为 s）的第二个染色体置换平衡子，Ⅰ；Ⅲ表示的是一号染色体和三号染色体之间的置换。染色体重排缩写有 C（显性交叉抑制子）、Df（缺陷）、In（倒置）、T（置换）。

染色重排产生的平衡子的过程中可能使某些基因突变，平衡子纯合的线虫即表现出该突变基因导致的表型。例如 *eT1*（Ⅲ，Ⅴ）平衡子纯合时为 Unc 表型，杂合时表型正常。后来有科学家将 *myo-2* 特异启动子驱动表达的 GFP 引入到平衡子中（如彩图 31-2 所示），为平衡子的使用带来极大的方便。通过显微注射技术将 Pmyo-2::GFP 转化线虫性腺，通过 γ 射线将质粒整合到平衡子上。*myo-2* 能驱动 GFP 在线虫咽部表达，用 GFP 的存在与否表征平衡子的存在与否。这样在研究很多行为缺陷型基因时，可使用带有 GFP 的平衡子[4]。

（4）目前最为广泛使用的带 GFP 的平衡子有 3 个：mInI［*dpy-10*（*e128*）mIs14（*myo-2::GFP*）］（Ⅱ），hT2［qIs48（*myo-2::GFP*）］（Ⅰ，Ⅲ），nT1［qIs51（*myo-2::GFP*）］（Ⅳ，Ⅴ），GFP 都是在咽部表达。mInI 平衡子纯合时不致死，但是此倒置使 *dpy-10* 基因突变，所以纯合时为 Dpy 表型，正常表型的为杂合平衡子。hT2 和 nT1 两个平衡子中带有致死基因，因此凡是带 GFP 的都是杂合平衡子[4]。

利用上述 3 个平衡子可以判断突变基因是否在常染色体上。是否在性染色体上可详见《实验 29 利用线虫进行遗传定律的验证》。如果突变基因在Ⅰ、Ⅲ或Ⅳ、Ⅴ染色体中的一个时，利用上述 3 个平衡子不足以确定在哪一条染色体上，这时需要利用传统的两点定位法进一步确定。

（5）线虫的命名[4]：线虫的基因型是由三个斜体小写字母后加连字符和基因的分离次序组

成。而且这三个字母也跟基因的表型相关的，例如 *dpy* 代表的就是 dumpy，即短且肥胖型线虫；*unc* 代表的是 uncoordianted，即运动不协调线虫；*lon* 代表的是 long，即长线虫等。同样表型的基因有很多个形成一类别，都以同样的三个字母开头，只是后面的数字不一样。例如 dpy 基因有很多个，而 *dpy-18* 基因则代表的是一个特定基因。*dpy* 突变体表现为 Dpy 表型，而 *dpy-18* 的表型标记为 Dpy-18。因为同一个基因可能有不同的突变，所以基因名后加一个括号，括号内为等位基因名，由分离此突变的实验室的等位基因缩写加上分离次序组成。例如 *lin-31*（*n301*）是 H. 罗伯特 · 霍维茨（H.Robert HorvitZ）实验室分离的第 301 个突变，该突变在 *lin-31* 基因内。

（6）线虫基因型表述规范[5]：线虫的命名可以简化成下列一些简单的规则，在较为复杂的杂交实验中，正确运用线虫基因型的规范表述可以不用复杂的说明就可以清晰明确地表征每一代线虫的基因型，不致产生混乱。

1）写基因型时，染色体按“Ⅰ；Ⅱ；Ⅲ；Ⅳ；Ⅴ；X”的顺序排列。

2）非同源染色体之间用分号隔开，同源染色体之间若基因型不同用斜线号隔开，或写成上下两行的分数形式，斜线前后或分数形式的每一行表示一条同源染色体，基因型相同只写一个即可。

3）同一条染色体上的不同基因中间空格即可。

4）只有染色体上有某种突变才写上它的基因型或约定的标记，如果是野生型标记为+，如果某一号染色体上均为野生型可不写出此染色体。

三、实验材料及用具

野生型线虫（N2）一盘，鼓泡型线虫 *bli-5*（*e518*）一盘（隐性，染色体位置未知），平衡子线虫 *hT2*（*I*；Ⅲ），m*In1*（Ⅱ），*nT1*（Ⅳ，Ⅴ）各一盘（只有雌雄同体），*unc-62*（*e644*）*dpy-11*（*e224*）Ⅴ一盘，*dpy-5*（*e61*）*unc-75*（*e950*）Ⅰ一盘，双筒解剖镜，双筒荧光解剖镜，挑虫器，NGM 平板等。五种线虫的表型如彩图 31-2 a.～e. 所示。带有 hT2、nT1、mIn1 平衡子的杂合线虫表型相同。

四、实验方法及步骤

（1）培养基配制：参见《实验 27　附录Ⅰ　秀丽线虫的培养及繁殖》相关内容。

（2）突变型观察：在解剖镜下仔细辨认各种突变类型，这几种突变体表型都表现在外形上，在杂交实验中，同组同学应该先统一识别标准，再分工合作，这样才能保证对于性状的识别不出现较大偏差。

（3）设计实验：实验开始前应仔细设计实验，根据实验目的，确定每一代杂交亲本的基因型、数量，何时挑选 L4，何时除去父本防止回交或将母本转移至新平板，根据线虫生活史时间大致确定实验周期。

（4）挑选 L4：原理及方法参见《实验 29　利用线虫进行遗传定律的验证》相关内容。

（5）杂交：杂交注意事项请仔细阅读《实验 29　利用线虫进行遗传定律的验证》相关内容。

（6）收集结果并分析：通过平衡子丢失后得到的线虫的表型确定 *bli-5*（*e518*）能被哪个平衡子平衡，如果是被 *hT2* 或 *nT1* 平衡，则进一步利用Ⅰ，Ⅴ染色体上的 *dpy-5*（*e61*）*unc-75*（*e950*），*unc-62*（*e644*）*dpy-11*（*e224*），双突变线虫通过两点定位确定 *bli-5*（*e518*）位于哪条染色体上。

五、作业及思考题

1. 图距的定义是什么?

2. 平衡子是基因吗?在本实验中平衡子的作用是什么?

3. 通过 EMS 诱变筛选得到一不育突变体(染色体Ⅲ上),处于杂合状态(盘子里有杂合子自交后产生的野生型 N2),怎样利用 mInI 平衡子平衡该不育基因,得到稳定保存的杂合突变体?

参考文献

[1] FAY D.Wormbook:genetic mapping and manipulation:chapter 2-Two-point mapping with genetic markers [G/OL]. [2006-06-14]. http://www.wormbook.org.

[2] FAY D.Wormbook: genetic mapping and manipulation: chapter 3-three-point mapping with genetic markers [G/OL], [2006-02-17].http://www.wormbook.org.

[3] BRENNER S.The genetics of *Caenorhabditis elegans* [J].Genetics,1974,77(1):71-94.

[4] EDGLEY M L,BAILLIE D L,RIDDLE D L,et al.Wormbook: genetic balancers [G/OL]. [2006-04-06].http://www.wormbook.org.

[5] FAY D.Wormbook: genetic mapping and manipulation: chapter 1-Introduction and basics [G/OL]. [2006-02-17].http://www.wormbook.org.

实验 32

线虫基因在染色体内的定位

一、实验目的

1. 通过三点定位法确定未知基因与标志基因间的相对位置、图距等参数，理解和验证基因的连锁和交换定律。

2. 掌握线虫杂交的方法，深入了解线虫生活史、世代周期。

二、实验原理

（1）三点定位法[1]：三点定位法是通过位于同一染色体上的两个标志基因来揭示它们与突变基因之间的遗传位置关系。以线虫为例，在经典的三点定位实验中，将带有两个标志基因（*a* 和 *b*，且 *a* 在 *b* 的左边，表型分别为 A、B）的线虫与突变体（*m*，M 表型）杂交，F_1 基因型为 *m/ab* 杂合子，F_1 自交，在 F_2 中出现两类重组子，一类是具有 A 性状（A-non-B 重组子），一类是具有 B 性状（B-non-A 重组子），然后统计 A-non-B 重组子和 B-non-A 重组子中出现突变体性状 M 的百分比，这样我们就能知道突变基因是位于 *a* 和 *b* 的左边、右边还是两者之间。

如图 32-1（1#）所示，当所有的 B-non-A 重组子中有 1/4 会出现 MB 性状，而所有的 A-non-B 重组子只产生 A 性状和 AB 性状的后代，此时我们可以推断 *m* 位于 *a* 的左边或右边，且 *m* 而与 *a* 遗传距离很近。我们无法排除 *m* 位于 *ab* 之间的情况，因为当 *m* 位于 *a* 和 *b* 之间，且距 *a* 很近时，所有的 B-non-A 重组子中有 1/4 会出现 M B 表型，产生 A M 表型重组子的概率非常低。同样的，对图 32-1（2#）所描述的情况，我们只能推断 *m* 位于 *b* 的右边或左边，且 *m* 与 *b* 遗传距离很近。

虽然上述的三点定位法能告诉我们 *m* 位于已知标志基因的左边还是右边，但我们无法准确计算出 *m* 与标志基因直接的距离。因此我们要选择位于 *m* 两侧的基因作为标志基因。如图 32-2 所示，因为发生交叉互换的位置不同，A-non-B 的重组型线虫中一部分带有 *m* 突变（#1），一部分不带有 *m* 突变（2#），所有的 B-non-A 也是类似的情况。通过计算重组型线虫（A-non-B 或 B-non-A）中出现突变型线虫的比例，我们可以计算出突变 *m* 的遗传位置。

（2）线虫的命名：参见《实验 31　线虫基因的染色体定位》相关内容。

（3）线虫基因型表述规范：参见《实验 31　线虫基因的染色体定位》相关内容。

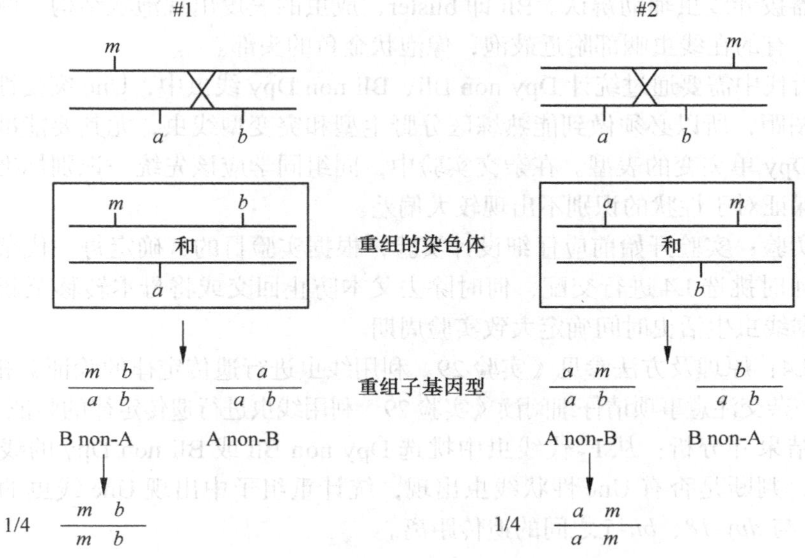

图 32-1　三点定位法图解（一）[1]

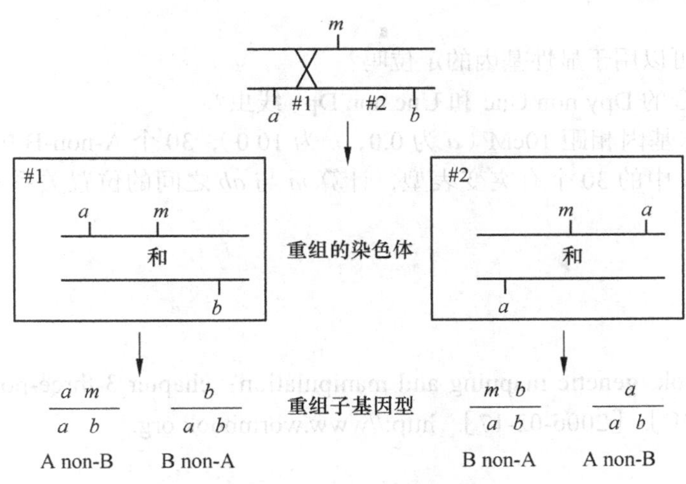

图 32-2　三点定位法图解（二）[1]

三、实验材料及用具

野生型线虫（N2）一盘、短胖鼓泡型线虫 *dpy-18*（*e364*）*bli-5*（*e518*）Ⅲ一盘、运动不协调曲体型线虫 *unc-71*（*e541*）Ⅲ一盘（染色体内位置未知），双筒解剖镜、挑虫器、NGM 平板等。三种线虫的表型如彩图 32-3 所示。

四、实验方法及步骤

（1）培养基配制：参见《实验 27　附录 I　秀丽线虫的培养及繁殖》相关内容。

（2）突变型观察：在解剖镜下仔细辨认 Dpy、Unc 和 Bli 3 种突变类型，Dpy 和 Unc 表型可以通过挑虫器拨弄线虫辅助辨认。Bli 即 blister，成虫的表皮出现泡状结构，就像在线虫的表面有个气泡，有的在线虫咽部附近鼓泡，像泡状金鱼的头部。

因为杂交后代中需要通过统计 Dpy non Bli、Bli non Dpy 线虫中，Unc 突变性状出现的数目来计算遗传图距，所以必须做到能熟练区分野生型和突变型线虫，尤其要能准确区分 Dpy Unc 双突变和 Dpy 单突变的表型。在杂交实验中，同组同学应该先统一识别标准，再分工合作，这样才能保证对于性状的识别不出现较大偏差。

（3）设计实验：实验开始前应仔细设计实验，根据实验目的，确定每一代杂交亲本的基因型、数量，何时挑选 L4 进行交配，何时除去父本防止回交或将母本转移至新的平板上产杂交后代，根据线虫生活史时间确定大致实验周期。

（4）挑选 L4：原理及方法参见《实验 29　利用线虫进行遗传定律的验证》相关内容。

（5）杂交：杂交注意事项请仔细阅读《实验 29　利用线虫进行遗传定律的验证》相关内容。

（6）收集结果并分析：从 F_2 代线虫中挑选 Dpy non Bli 或 Bli non Dpy 的线虫，得到纯合的重组子后，判断是否有 Unc 性状线虫出现，统计重组子中出现 Unc 线虫的比例，计算 *unc-71*（*e541*）与 *dpy-18*、*bli-5* 之间的遗传距离。

五、作业及思考题

1. 三点定位法可以用于显性基因的定位吗？
2. 怎样得到纯合的 Dpy non Unc 和 Unc non Dpy 线虫？
3. 如果 *ab* 标志基因相距 10cM（*a* 为 0.0，*b* 为 10.0），30 个 A-non-B 中的 10 个有突变表型，40 个 B-non-A 中的 30 个有突变表型，计算 *m* 与 *ab* 之间的位置关系及 *m* 可能的遗传位置。

参考文献

FAY D. Wormbook: genetic mapping and manipulation：chapter 3-three-point mapping with genetic markers［G/OL］.［2006-02-17］. http://www.wormbook.org.

实验 33

RNA 干扰在线虫基因功能研究中的应用

一、实验目的

1. 了解 RNA 干扰的原理，熟悉在线虫中进行 RNA 干扰的方法。
2. 通过饲养法对线虫基因进行 RNA 干扰。

二、实验原理

（1）RNA 干扰（RNA interference，RNAi）：它是指短的双链 RNA 阻碍特定基因的翻译或转录，抑制基因表达，使基因沉默的现象。RNAi 是经典的反向遗传学研究手段之一。早在 1998 年，法尔和梅洛发现给线虫注射双链 RNA 将引起线虫体内相应的 mRNA 的降解[1]；后来又有研究表明将线虫浸泡在双链 RNA 中，或者给线虫饲喂能产生双链 RNA 的大肠杆菌也能引起 RNAi[2]。RNAi 技术与线虫全基因组测序的结合大大加速了在全基因组水平进行高通量的基因功能性研究。

（2）线虫 RNAi 方法[3]：在线虫中有 3 种进行 RNAi 的方法，分别为：①注射法（injection），将体外转录得到的双链 RNA 通过显微注射的方法注入雌雄同体成虫的肠道、体腔或者性腺，然后对被注射线虫的后代进行 RNAi 效果观察。②浸泡法（soaking），用体外转录并纯化回收的双链 RNA 溶液浸泡线虫，进行 RNAi 处理。③饲养法（feeding）：用能产生双链 RNA 的工程菌（HT115）饲养线虫，以达到 RNAi 处理的目的。

（3）HT115 饲养菌株的构建：饲养法因其操作简单，可以高通量批处理操作而被广泛应用。Open Biosystems 数据库的 RNAi 文库包含 11511 个克隆，每个 RNAi 克隆特异沉默一个特定基因。构建过程如图 33-1 所示，首先 PCR 扩增获得目的基因的全长 cDNA 片段，将其插入带有双向启动子的 pL4440-Dest RNAi 饲养质粒的多克隆位点中，转化大肠杆菌菌株 HT115（DE3）。HT115 含有能被异丙基-*β-D*-硫代半乳糖苷（isopropylthil-*β-D*-galactoside kanamycin，IPTG）诱导的 T7 聚合酶，并具有由四环素抗性标记的 RNase Ⅲ（双链 RNA 酶）基因缺陷。这样的工程菌株可以稳定表达目的基因的双链 RNA，当用此

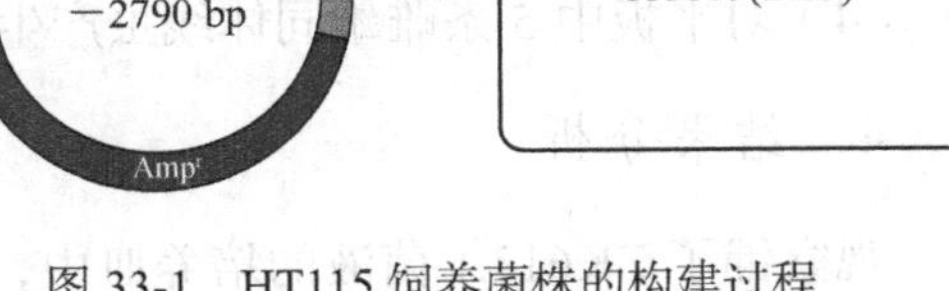

图 33-1　HT115 饲养菌株的构建过程

菌株饲养线虫时，即可产生对目的基因表达和功能上的特异干扰。

（4）本实验通过饲养法对线虫 *mig-6* 基因的表达进行干扰，*mig-6* 被干扰后，线虫表型为不育或者线虫停止在幼虫阶段。为了排除由于 RNAi 培养皿营养问题而导致的阴性结果，尤其在对新基因进行 RNAi 处理时，一般使用 *unc-22* 基因 RNAi 菌株作为阳性对照（干扰效率高），使用转化了 L4440 质粒的 HT115 菌株作为阴性对照。

三、实验材料及用具

野生型线虫（N2）一盘、转化了 L4440 质粒的 TH115 菌株、*unc-22* 基因 RNAi 菌株 ZK617.1、*mig-6* 基因 RNAi 菌株 C37C3.6、挑虫器、LB 培养基、NGM 培养基、氨苄青霉素、四环素、IPTG。

四、实验方法及步骤

1. 培养基的配制

NGM 培养基准备参见《实验 27 附录Ⅰ秀丽线虫的培养及繁殖》相关内容，在待倒板的 NGM 培养基（不超过 50℃）里加入 IPTG、氨苄青霉素、四环素，终浓度分别为 1mmol/L、75μg/ml、12.5μg/ml。RNAi 平板因为加入了 IPTG，一般现配现用，暂时不用的可以在 4℃条件下保存，保存时间不超过一周，以免影响干扰效果。

2. RNAi 菌株的培养

（1）准备 LB- 琼脂固体培养基、LB 液体培养基，参见实验 27　附录Ⅰ《秀丽线虫的培养及繁殖》相关内容。

（2）将实验材料中的 3 个菌株分别在 LB- 琼脂平板上划线，于 37℃培养箱过夜培养。

（3）在 LB 培养基中加入氨苄青霉素，终浓度 75μg/ml，可以不加四环素。

（4）分别挑单克隆放入 LB 培养基中培养，当 OD600 到达 0.6 左右时，停止培养，铺板。

（5）铺好菌液的平板置于室温过夜，即可放入线虫，暂时不用的放入 4℃冰箱。

3. RNAi

（1）挑取 5 条处于成虫时期的 N2 雌雄同体线虫放入 RNAi 培养皿中（3 种菌，每种菌 1 个平板），20℃培养 3 天至后代中有 L4 线虫出现。此步骤为在 RNAi 平板中预培养一代，为挑取进行 RNAi 处理的线虫做准备，省略此步骤将降低 RNAi 的效率。

（2）从（1）中挑取 5 条处于 L4 时期的线虫放入 RNAi 培养皿中（3 种菌，每种菌 3 个平行），在 20℃条件下培养 2 天，这 5 条线虫为接受 RNAi 处理的亲本。

（3）将培养皿中的 5 条雌雄同体线虫都转入新的 RNAi 培养皿中，在 20℃条件下培养 2.5 天。为了保证 IPTG 的诱导效果，尽量每 2.5 天转一次盘。

（4）对平板中 5 条雌雄同体线虫产生的后代进行表型分析。

4. 结果分析

观察铺了 ZK617.1 菌液的培养皿中，线虫是否有颤动、运动不协调的表型，出现的比例有多少？观察铺了 C37C3.6 菌液的培养皿中，线虫是否有不育或停止在幼虫阶段不发育的线虫，比例为多少？

五、作业及思考题

1. 为什么要在 RNAi 培养皿中加入氨苄青霉素、四环素和 IPTG？浓度可否改变？

2. 为什么在 RNAi 的过程中，要进行转盘操作？

3. 如果实验中出现铺了 ZK17.1 菌液、C37C3.6 菌液的平板中的线虫都是野生型，请分析可能的原因？

参考文献

［1］FIRE A Z,XU S Q,MONTGOMERY M K,et al.Potent and specific genetic interference by double-stranded RNA in *Caenorhabditis elegans*［J］.Nature,1998,391(6669):806-11.

［2］TABARA H,GRISHOK A,MOLLO C C.RNAi in *C.elegans*:soaking in the genome sequence［J］.Science,1998,282(5388):430-431.

［3］AHRINGER J.Wormbook: reverse genetics［G/OL］.［2006-04-06］.http://www.wormbook.org.

实验34 不同突变品系线虫的重组

一、实验目的

1. 学习如何将两个不同线虫突变体整合到同一品系线虫中，并得到可以稳定保存的品系。本实验有两种情况：①两个突变基因位于同一染色体；②两个突变基因位于不同染色体。

2. 掌握线虫杂交的方法，深入了解线虫生活史、世代周期。

二、实验原理

（1）突变基因的重组：在线虫中，通过构建双突变、三突变或多突变体研究基因间相互作用一直是基因的功能性研究中的常用手段之一。这得益于雌雄同体线虫可以通过与雄虫杂交的方式引入新的突变基因；分离到纯合的多突变体后，又可以通过自交使之纯合保存。

我们可以通过构建多突变体的方法判断突变基因在哪条信号通路上，在信号通路中的上下游位置，是否与多条信号通路有连接，是否存在冗余效应等[1]。

当突变基因被不同的平衡子平衡，或者不同的突变基因有其特殊的表型或分子生物学特征，重组过程变得相当简单。当需要重组的突变基因在同一条染色体上，通过同源染色单体间的交叉互换发生重组才能得到多突变体，此时需要筛选比较多的样本才能得到重组子，当基因间遗传图距越小，重组越难发生，需要筛选的线虫也就越多。

（2）线虫的命名：参见《实验31　线虫基因的染色体定位》。

（3）线虫基因型表述规范：参见《实验31　线虫基因的染色体定位》。

（4）本实验中使用的两种品系线虫分别为Unc和Dpy表型，使用普通双目解剖镜可以方便地观察这两种表型。位于一号染色体上的为*dpy-5*和*unc-75*基因，而*unc-71*基因位于三号染色体上。本实验需要得到的目的线虫品系为同时含有*dpy*、*unc*基因并稳定遗传的*dpy-5*（*e61*）*unc-75*（*e90*）Ⅰ及*dpy-5*（*e61*）Ⅰ；*unc-71*（*e541*）Ⅲ两种品系。

三、实验材料及用具

野生型线虫（N2）一盘、短胖型线虫*dpy-5*（*e61*）Ⅰ一盘、运动不协调曲体型线虫*unc-71*（*e541*）Ⅲ一盘，运动不协调曲体型线虫*unc-75*（*e90*）Ⅰ一盘，双筒解剖镜、挑虫器、NGM平板等。四种线虫的表型如彩图34-1所示。

四、实验方法及步骤

（1）培养基配制：参见《实验 27　附录Ⅰ　秀丽线虫的培养及繁殖》相关内容。

（2）突变型观察：在解剖镜下仔细辨认 Dpy 和 Unc 两种突变类型，可以通过挑虫器拨弄线虫辅助辨认。因为需要从杂交 F_1 的后代（F_2、F_3）中挑出具有 Dpy、Unc 两种性状的线虫，所以必须做到能熟练区分野生型和突变型线虫，尤其要能准确区分 Dpy、Unc 双突变和 Dpy 单突变的表型。在杂交实验中，同组同学应该先统一识别标准，再分工合作，这样才能保证对于性状的识别不出现较大偏差。

（3）设计实验：实验开始前应仔细设计实验，根据实验目的，确定每一代杂交亲本的基因型、数量，何时挑选 L4 进行交配，何时除去父本防止回交或将母本转移至新的平板上产杂交后代，根据线虫生活史时间确定大致实验周期。

（4）挑选 L4：原理及方法参见《实验 29　利用线虫进行遗传定律的验证》。

（5）杂交：杂交注意事项请仔细阅读《实验 29　利用线虫进行遗传定律的验证》。

（6）收集结果并分析：从 F_2 或 F_3 代线虫中挑选具有 Dpy 和 Unc 两种性状的线虫，得到纯合的重组子后，并计算得到双纯合子突变体的概率。

（7）判断重组突变体线虫是否同时含有 *dpy unc* 基因，并可以稳定传代。

五、作业及思考题

1. 请定义什么样线虫突变体可以称为稳定遗传的线虫品系，为什么？
2. 怎样确定重组线虫含有 *dpy* 基因和 *unc* 基因，且都为纯合基因？
3. 以 20% 重组率计算，要从 F_2 中挑取的具有 Dpy 或者 Unc 性状的后代中有 99% 的概率至少有一只为重组型（*dpy/dpy unc*，*unc/dpy unc*）线虫，需要挑多少只 Dpy 或者 Unc 线虫？

参考文献

HUANG L S,STERNBERG P W. Wormbook:genetic dissection of developmental pathways［G/OL］.［2006-06-14］.http://www.wormbook.org.

实验35

PCR 介导的酿酒酵母基因敲除

一、实验目的

学习理解酿酒酵母中 PCR 介导的基因一步敲除法的原理，掌握酵母的转化方法，了解酵母生长及遗传学特性。

二、实验原理

酵母菌作为最简单的真核生物，能以单倍体和二倍体两种形式稳定存在，其中单倍体含有两种交配型，可以自由地在单倍体和二倍体之间进行转换，在生物学研究中有着得天独厚的优势。

首先酵母菌生长速度很快。对数期生长的单倍体菌株在 YPD（yeast extract peptone dextrose medium，富营养天然培养基）中 90min 分裂一代，在合成培养基中，140min 分裂一代。其次，酵母的基因组很小，遗传背景相对简单，是一种很容易进行遗传操作的模式生物。酿酒酵母的基因组只有 12052kb，其基因组序列早在 1996 年完成测序，已有约 6000 个超过 100 个氨基酸的 ORF 被报道，只有不到 5% 的 ORF 含有内含子，其中有约 5700 个蛋白编码基因，分散在 16 条染色体上。20 世纪 90 年代末，由数个实验室联合进行的酿酒酵母基因组敲除项目的完成是酵母遗传学研究的里程碑事件。在这个项目中，4 个基因敲除菌株库被成功构建：两种交配型的单倍体菌株库、杂合子二倍体菌株库以及非必需基因的纯合子二倍体菌株库。这个项目几乎完成了全部 ORF 的敲除，为生物学研究，特别是组学研究，提供了十分强大的系统性研究工具，为后续基因功能的研究奠定了坚实的基础。此外，酵母作为真核生物，在很多代谢通路和蛋白表达调节等方面是高度保守的，与高等生物类似，为高等生物相关基因，例如疾病基因、功能研究提供了简单、易于操作的系统。

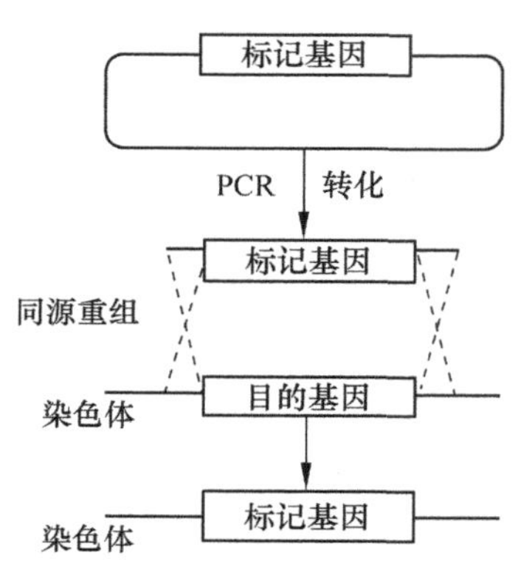

图 35-1　PCR 介导的基因敲除原理

目前，酿酒酵母已经具有一套十分灵活快速的遗传操作体系。酵母允许外源质粒以独立复制子游离，在基因组之外存在，也允许其整合到基因组中。但跟其他生物相比，酵母比较独特且强大的特点是外源序列的整合依赖于同源重组机制。之前提到的基因组敲除项目的完成就是依赖于高效率的同源重组，如图 35-1 所示。人们利用 PCR 的方法，在筛选标记基因两侧引入待敲除基因（your favorite gene，YFG）特异性序列；随后将 PCR 产物通过转化传递到酵母细胞内部；在同源重组的作用下，一些细胞的对应基因位点的内源性序列被含有同源臂的外源序列直接取代，并通过选择培养基筛选出来。通过这个方法，我们可以对任意选定的染色体序列进行改变。

本实验即是基于以上原理对实验菌株中的 *ADE2* 或 *ADE4* 基因进行敲除。*ADE2* 及 *ADE4* 均编码酿酒酵母嘌呤核苷酸从头合成途径中重要的酶类，如图 35-2 所示，*ADE4* 位于 *ADE2* 的上游，编码 5- 磷酸核糖 -1- 焦磷酸盐酰胺转移酶（PRPPAT），催化该合成途径的第一步。*ADE*2 则编码磷酸核糖酰胺基咪唑羧化酶（AIR-carboxylase），催化该合成途径的第六步。*ADE2* 或 *ADE4* 基因的缺失突变会表现出腺嘌呤营养缺陷的表型，不能在缺乏腺嘌呤的培养基上生长。除此之外，*ADE*2 基因突变失去功能时，还会有独特的表型变化——其底物 AIR（代谢中产物）会在胞内积累聚合形成红色产物，使菌落颜色由野生型的白色变为红色。这种肉眼直观的颜色变化可以作为初步判定菌株基因型及筛选的依据，*ADE2* 也因此成为系统性筛选中应用广泛的标记基因。而 *ADE4* 基因突变会从第一步阻断该通路，使细胞无法合成 AIR 等中间产物，菌落颜色依旧为白色。

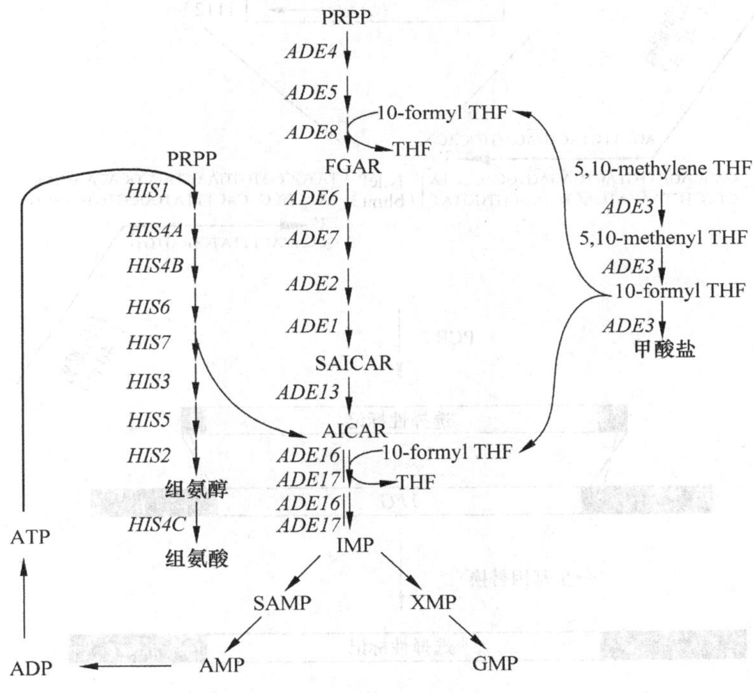

图 35-2　酿酒酵母的组氨酸和 IMP 生物合成途径 [5]

三、实验材料及用具

KOD DNA 聚合酶、rTaq、10×PCR 缓冲液、dNTP、25mmol/L $MgSO_4$、无菌去离子水、PCR 仪、1mol/L 醋酸锂、鲑鱼精 DNA、PEG3350、100×TE（pH8.0）缓冲液、二甲基亚砜（DMSO）、20% Triton×100。

培养基：YPD、Sc-ura、Sc-leu。

酵母菌株 BY4741：*MAT* a、*his3Δ1*、*leu2Δ0*、*met15Δ0*、*ura3Δ0*。

酵母菌株 BY4742：*MAT*α、*his3Δ1*、*leu2Δ0*、*lys2Δ0*、*ura3Δ0*。

质粒：pRS415（CEN *LEU2*），pRS416（CEN *URA3*）。

100℃金属浴、30℃培养箱、42℃水浴锅、30℃摇床、离心机。

四、实验方法及步骤

1．扩增基因敲除片段（图 35-3）

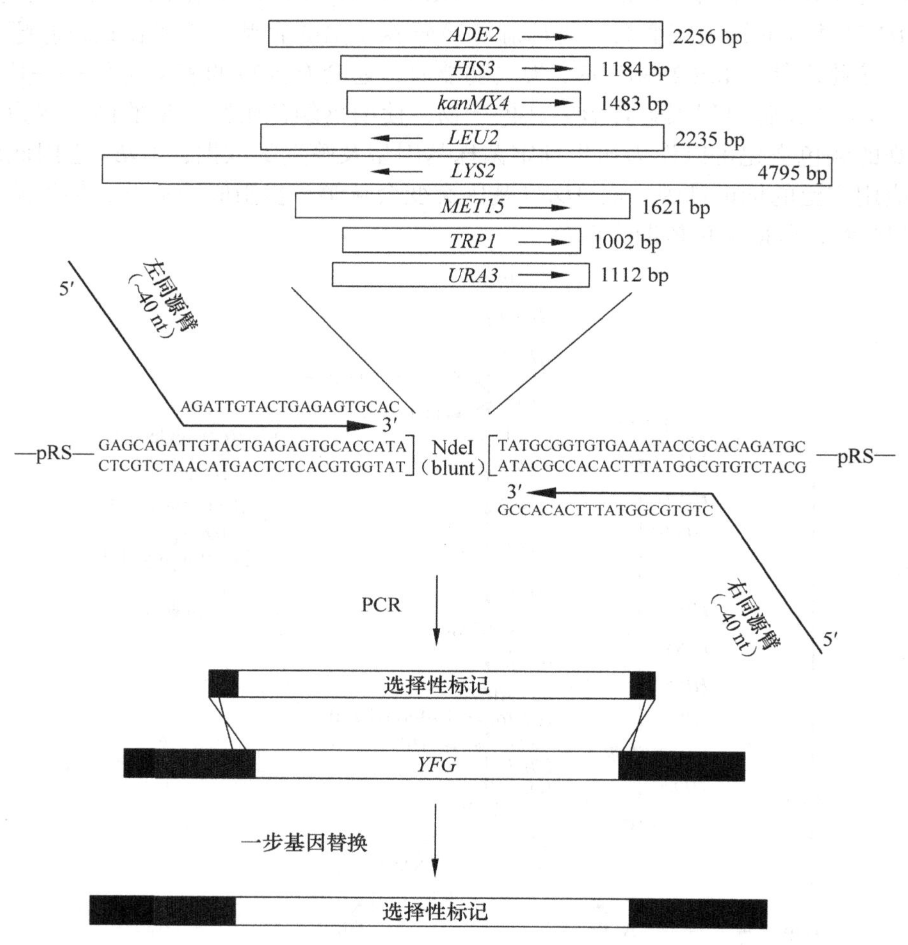

图 35-3 基因敲除引物设计示意图

（1）引物设计原理：基因特异性同源臂＋统一载体序列。

ADE2：

上游引物：5′-*CAATCAAGAAAAACAAGAAAATCGGACAAAACAATCAAGT*AGATTGTACTGAGAGTGCAC-3′

下游引物：5′-*ATAATTATTTGCTGTACAAGTATATCAATAAACTTATATA*CTGTGCGGTATTTCACACCG-3′

ADE4：

上游引物：5′-*AAGTTTAGCAAAGAAAGAGGTACAGCAAACAGCAGAATAG*

AGATTGTACTGAGAGTGCAC-3′

下游引物：5′-*AACTATTTTACATACAACTGAACAAGTTCGGAACAATCTA*CTGTGCGGTATTTCACACCG-3′

斜体部分表示基因特异性同源臂。

（2）PCR 反应体系（表 35-1）。

（3）PCR 程序设置（图 35-4）。

表 35-1　PCR 反应体系配方

配方	含量 /μl
无菌去离子水	37
10×ExTaq 缓冲液	5
dNTP 混合物	5
模板（pRS415/ pRS416）	0.5
上游引物（10μmol/L）	1
下游引物（10μmol/L）	1
Ex Taq	0.5

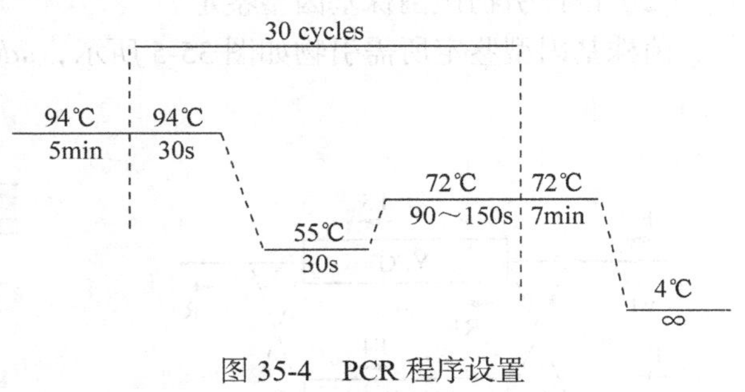

图 35-4　PCR 程序设置

（4）PCR 产物电泳

采用浓度为 1% 的琼脂糖凝胶进行电泳检测。*ade2::URA3* 约 1230bp，*ade4::LEU2* 约 2355bp。

2．酵母菌转化

（1）从平板上挑取酵母菌 BY4741 及 BY4742 单克隆接种到 5ml YPD 培养基中，在 30℃摇床内过夜培养。

（2）第二天测菌株浓度（OD_{600}），转接适量体积的细胞到新的 5ml YPD 中，使起始 OD_{600} 为 0.1。继续在 30℃摇床内培养 4～6h，使 OD_{600} 约为 0.6。

（3）在室温条件下，以 3000r/min 转速离心 5min，将细胞离心至管底，倒掉上层培养基。将鲑鱼精 DNA 置于 100℃金属浴中煮 5min 后，迅速置于冰上冷却（可在细胞培养过程中准备）。

（4）用 1ml 无菌水将细胞重悬，并转移到 1.5ml EP 管中。以 3000r/min 转速离心 1min，弃上清液。

（5）用 0.1mol/L 醋酸锂 /TE 1ml 重悬，以 3000r/min 转速离心 1min，弃上清液。

（6）配制转化液（表 35-2）。

（7）用 100μl 0.1mol/L 醋酸锂 /TE 将细胞重悬，向其中加入 20μl 的 PCR 产物及 400μl 的转化液。混匀，置于 30℃培养箱温育 45min。

表 35-2　转化液配方

配方	含量 /μl
50% PEG3350	312
1mol/L 醋酸锂	41.1
DMSO	48
10mg/ml ssDNA	25

（8）在 42℃条件下热激 20min。

（9）在室温条件下，以 3000r/min 转速离心 2min，弃上清液。

（10）用 1ml 5mmol/L $CaCl_2$ 重悬细胞，在室温条件下，以 3000r/min 转速离心 1min，弃上清液，以洗去残留的转化液。

（11）用 200μl 5mmol/L $CaCl_2$ 重悬细胞，将细胞均匀涂布到对应 Sc-ura 或 Sc-leu 平板上，置于 30℃培养箱培养。

（12）第三天观察平板上克隆生长状况并记录菌落颜色。

3. 鉴定菌株基因型

（1）在 Sc-ura 平板上选取红色单菌落，在 Sc-leu 平板上随机选取菌落，重新画线到新的 Sc-ura 或 Sc-leu 平板上，置于 30℃培养箱培养两天以获得单菌落。

（2）设计引物做菌株基因型鉴定。

菌株基因型鉴定所需引物如图 35-5 所示，*ade2::URA3* 引物序列如表 35-3 所示。

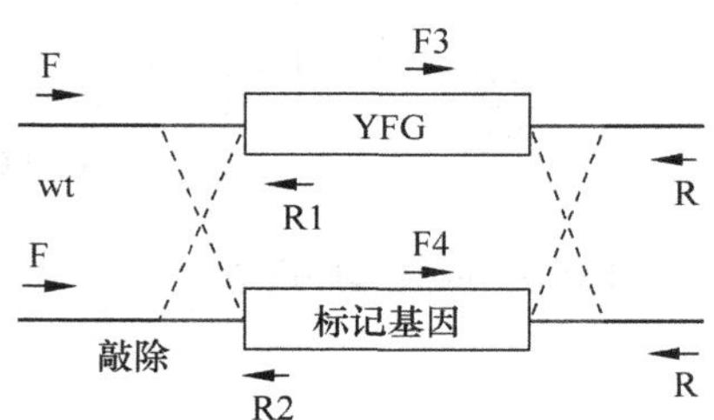

图 35-5 鉴定引物设计示意图

表 35-3 *ade2::URA3* 引物序列

编号	引物序列
F	GGCTACGAACCGGGTAATAC
R1	TCGGCGTACAAAGGACGATC
R2	GCGGATAATGCCTTTAGCGG
F3	CCTAGAGGTGTTCCAGTAGC
F4	TGGATGATGTGGTCTCTACAGG
R	GTTACACGGTACAGTCACTG

F/R 约 730bp，F/R2 约 660bp，F3/R 约 650bp，F4/R 约 670bp。

ade4::LEU2 引物序列如表 35-4 所示。

F/R1 约 780bp，F/R2 约 780bp，F3/R 约 740bp，F4/R 约 640bp。

同一菌株进行 4 组 PCR 来鉴定基因型，同一菌株 F/R1 和 F/R2 只有一组能扩增出产物；同一菌株 F3/R 和 F4/R 只有一组能扩增出产物。

（3）挑取适量细胞重悬到 20μl 的无菌水中。

（4）配制 PCR 反应体系（表 35-5），混匀。

表 35-4 *ade4::LEU2* 引物序列

编号	引物序列
F	CATGCGGCAAATGTCAGAGC
R1	CATAACCGCCACGGCATAAA
R2	GTGATGCTGTCGCCGAAGAA
F3	CCCCAGCCATTCGTTACAAC
F4	TAGACCGCTCGGCCAAACAA
R	GTCCATCCTATGGTGGCGTA

表 35-5 PCR 反应体系

配方	含量 /μl
无菌双蒸水	6
10×ExTaq 缓冲液	1.5
dNTP 混合物	1.2
20% Triton ×100	0.75
细胞悬浮液	5
上游引物 F（10μmol/L）	0.2
下游引物 R1 或 R2（10μmol/L）	0.2
Ex Taq	0.15

（5）反应条件（图 35-6）。

（6）PCR 产物电泳检测。记录实验结果并分析菌株基因型，获得正确的 *ade2::URA3* 及 *ade4::LEU2* 菌株。

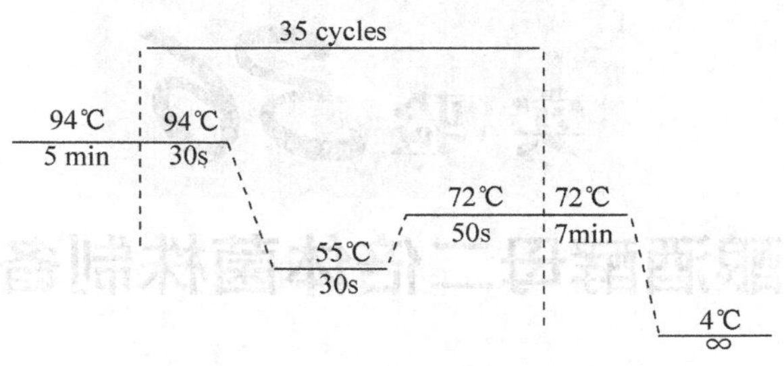

图 35-6　反应条件

五、作业及思考题

1. 记录基因敲除片段的扩增结果，并在图中标注出目的条带。
2. 观察 Sc-ura 及 Sc-leu 转化平板上的克隆生长状况并记录菌落颜色，分析导致该现象的原因。
3. 讨论分析影响酵母同源重组效率的因素。
4. 记录并分析菌株基因型鉴定结果。

参考文献

［1］DAI J,BOEKE J D.Strain construction and screening methods for a yeast histone H3/H4 mutant library［J］.Methods in Molecular Biology,2012,833(833):1-14.

［2］BRACHMANN C B, DAVIES A, Cost G J, et al. Designer deletion strains derived from *Saccharomyces cerevisiae* S288C:a useful set of strains and plasmids for PCR-mediated gene disruption and other applications［J］.Yeast, 1998,14(2):115-32.

［3］LONGINE M S,MCKENZIE A,Demarini D J,et al. Additional modules for versatile and economical PCR-based gene deletion and modification in *Saccharomyces cerevisiae*［J］. Yeast,1998,14(10):953-61.

［4］ZONNEVELD B J,ZANDEN A L V D.The red ade mutants of kluyveromyces lactis and their classification by complementation with cloned ADE1 or ADE2 genes from *Saccharomyces cerevisiae*［J］.Yeast,1995,11(9):823-827.

［5］REBORA K,LALOO B,DAIGNAN-FORNIER B.revisiting purine-histidine cross-pathway regulation in *Saccharomyces Cerevisiae*:a central role for a small molecule［J］. Genetics,2005,170(1):61-70.

实验 36

酿酒酵母二倍体菌株制备

一、实验目的

1. 掌握酿酒酵母二倍体制备方法。
2. 了解酵母的单倍体、二倍体细胞特点和交配过程的分子机制。

二、实验原理

酵母菌能以单倍体和二倍体的形式存在，且都是通过有丝分裂进行繁殖。酵母细胞能在母细胞中产生一个芽，逐步扩大并最终与母体分离。酵母的单倍体菌株具有两种交配型：*MAT a* 和 *MAT α*。和哺乳动物的两种性别一样，两种单倍体酵母可以进行交配，形成二倍体。而二倍体菌株在一定条件下能进行减数分裂形成单倍体，这样就实现了酵母不同生命周期间的转换。

在自然界中，酿酒酵母每次分裂都会进行交配型的转换。这种转换是由一种核酸内切酶（HO）所诱发，HO 能在 *MAT* 位点处进行特异性切割，形成双链断裂。随后基因组中与此位点高度同源的但属于组成型沉默位点的 *HML α* 或 *HMR a* 通过重组等机制置入活化的 MAT 位点，实现交配型的转换（图 36-1）。但在实验室操作时多需要菌株具有稳定的交配型，所以通常所用菌株为 HO 基因突变的菌株。

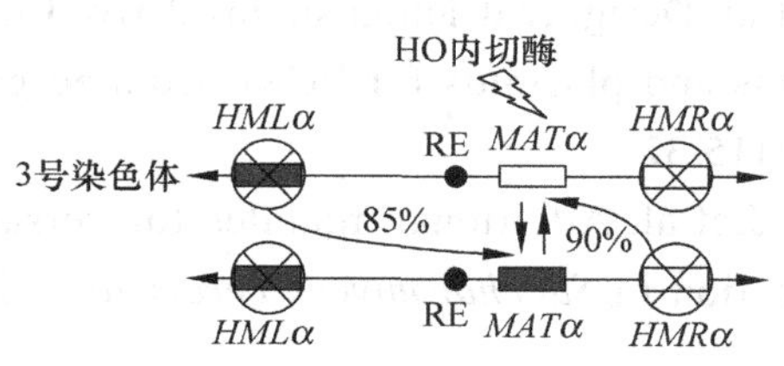

图 36-1　酿酒酵母的交配型转换

酵母的每种单倍体菌株能产生各自的外排因子去吸引异性。*MAT a* 的细胞能产生 *a* 因子，是一个 12 个氨基酸的多肽。它能与 *MAT α* 细胞表面的跨膜 *a* 因子受体结合。同样，α 因子也能与 *MAT a* 菌株表面受体结合。结合后，酵母细胞会被阻滞在 G_1 期的中后期，并开始形成类似触手的突起，两个细胞可以在其顶部融合，形成二倍体。而二倍体细胞中这种交配应答是被抑制的，不能进行交配（彩图 36-2）。

本实验就是利用两种交配型的单倍体杂交来制备基因型为 *ade2::URA3*/＋、*ade4::LEU2*/＋、*his3Δ1*/*his3Δ1*、*leu2Δ0*/*leu2Δ0*、*met15Δ0*/*met15Δ0*、*ura3Δ0*/*ura3Δ0* 的二倍体菌株。其中一个单倍体菌株中 *ADE2* 被 *URA3* 标记基因敲除，交配型为 *MAT a*，另一个单倍体菌株中 *ADE4* 被 *LEU2* 标记基因敲除，交配型为 MAT α。

三、实验材料及用具

YPD 平板、Sc-ura-leu 平板、影印模具、影印布、30℃恒温培养箱。

酵母菌株：

A.*MAT a*、*ade2::URA3*、*his3Δ1*、*leu2Δ0*、*met15Δ0*、*ura3Δ0*。

B.*MAT α*、*ade4::LEU2*、*his3Δ1*、*leu2Δ0*、*met15Δ0*、*ura3Δ0*。

四、实验方法及步骤

1. 用牙签挑取菌株 A 的新鲜单菌落，将细胞在 YPD 平板上均匀涂抹成方形补丁。
2. 挑取菌株 B，将其涂在 A 细胞的正上方，使两种细胞混合。
3. 将平板置于 30℃恒温培养箱培养 6h。
4. 将 YPD 平板上杂交的细胞影印到 Sc-ura-leu 平板上，置于 30℃过夜培养。Sc-ura-leu 平板上长出的细胞即为所需二倍体。
5. 从 Sc-ura-leu 上挑取一部分细胞，在新的 Sc-ura-leu 的平板上划线，置于 30℃培养以得到单菌落。第三天，当单菌落长到适当大小，将其取出培养箱，拍照记录。

五、作业及思考题

记录 Sc-ura-leu 平板上菌株的生长状况，分析说明为何生长出来的菌落即为二倍体？

参考文献

［1］ALLIS C D,JENUWEIN T,REINBERG D.Epigenetics［M］.New York:Cold spring harbor laboratory press,2007.

［2］SHERMAN F.Getting started with yeast［J］.Methods Enzymol,2002,350:3-41.

［3］MERLINI L,DUDIN O,MARTIN S G.Mate and fuse:how yeast cells do it［J］.Open Biology,2013,3(3). 142-150.

实验37

酿酒酵母单倍体菌株制备

一、实验目的

掌握酿酒酵母单倍体制备方法，理解随机孢子法快速获得所需双突变的单倍体菌株的原理。

二、实验原理

在营养充足时，酵母的单倍体和二倍体能通过有丝分裂快速繁殖，但当营养缺乏时，酵母二倍体会进行减数分裂，形成含有4个孢子的子囊。4个孢子中2个是*MAT a*型，2个是*MAT α*型。在饥饿状态下，不同交配型的孢子不会交配，但一旦获得足够的营养，单倍体孢子会成熟为具有交配能力的单倍体（图37-1）。

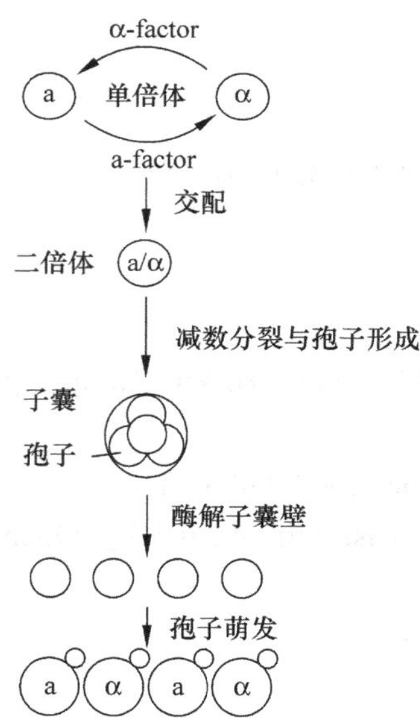

图37-1　酿酒酵母的生活周期[4]

本实验起始菌株是*ade2::URA3*/＋，*ade4::LEU2*/＋的二倍体杂合子。为了快速获得*ade2::URA3*，*ade4::LEU2*的双突变单倍体菌株，本实验采用随机孢子法。首先使二倍体菌株在低营养培养基中进行减数分裂得到四分孢子，如彩图37-2所示，然后用酶去降解孢子囊壁，将孢子释放出来。将含有孢子的混合培养物进行十倍稀释并铺到相应的选择平板上。待平板菌落大小合适，再利用影印的方法鉴定菌株的交配型。这种方法对技术要求较低，且能进行大批量操作，有着比较广泛的应用。但是混合培养物中会含有大量的未减数分裂的二倍体，会增加工作量。为解决这个问题，可以提高产孢率或加等体积的乙醚特异性杀死营养生长的细胞。

在进行未知菌株基因型鉴定时会使用到两株特殊菌株，JDY19和JDY20，它们其他所有基因为野生型，但*thr*4被突变掉。而我们常用的实验菌株中有很多内源性标记基因被敲除，导致细胞表现出营养缺陷的表型。以上菌株均不能在不含氨基酸的基本培养基SD上生长。若待测菌株与鉴定专用菌株JDY19（*MAT a*）能进行交配形成二倍体，所得二倍体是杂合子，所有基因都有一个野生型拷贝，就能在SD上生长，那么该待测菌株交配型就是MAT*α*。综上，根据杂交后菌株在SD上的生长状况，可以得出该菌株的是否是单倍体及其交配型[1~4]。

三、实验材料及用具

50× 产孢培养基：50g 醋酸钾，0.25g 二水合醋酸锌，加去离子水至 100ml，溶解后过滤除菌。

10% 酵母提取物、YPD 液体培养基、消解酶、氨基酸浓储存液（100×）、Sc-ura-leu 平板、SD 平板、YPD 平板。

96 孔细胞培养板、25℃培养箱、旋转培养器、30℃摇床、显微镜、影印模具、影印布。

酵母菌：

① JDY19：*MATa*、*thr*4、Mal'。

② JDY20：*MAT*α、*thr*4、Mal'。

③ C：*ade2::URA3*/＋、*ade4::LEU2*/＋、*his3Δ1/his3Δ1*、*leu2Δ0/leu2Δ0*、*met15Δ0/met15Δ0*、*ura3Δ0/ura3Δ0*。

四、实验方法及步骤

1．制备单倍体菌株

（1）挑取二倍体菌株 C 的单克隆，接种在 5ml YPD 中，30℃过夜培养使其达到 4～8 OD_{600}/ml。

（2）在室温条件下以 3000r/min 转速离心 5min，弃上层液体。加入 5ml 无菌水重悬，离心，弃上清液。重复洗两次。用 100μl 无菌水重悬细胞。

（3）配制 1× 产孢培养基（表 37-1）。

表 37-1　产孢培养基配方

配方	含量
50× 产孢培养基	1ml
100× 氨基酸浓储	0.5ml
10% 酵母提取物	150μl
加水至总体积	50ml

（4）向 2ml 1× 产孢培养基加入适量体积的细胞，使其浓度为 1.0 OD_{600}/ml。将细胞置于 25℃培养箱中旋转培养 3～10 天。

（5）镜检菌株产孢效率。

2．筛选所需单倍体

（1）在室温下以 3000r/min 转速离心 2min，弃上清液。向细胞加入 30μl 0.5mg/ml 消解酶，小心混匀，在 30℃下处理 5～10min。向细胞内加入 300μl 无菌水，混匀（轻弹管壁混合，避免剧烈震荡），并立即置于冰上，以终止酶解反应。

（2）向 96 孔细胞培养板每个孔中加入 90μl 无菌水。向第一列孔中加入 10μl 酶解处理的细胞培养液，吹吸混匀后移出 10μl 到第二列孔中，以此类推，至第六列。将第五列、第六列孔中的细胞全部涂布到 Sc-ura-leu 平板上。将平板置于 30℃培养两天后拍照。

3．鉴定菌株的交配型

（1）制备新鲜的分别涂满 JDY19 和 JDY20 的平板，待用。

（2）选择长有合适菌落数（200 个 / 板）的平板，将 Sc-ura-leu 平板上的细胞影印到两块新的 YPD 平板上，并做好标记。再将 JDY19 影印到其中一个平板上，将 JDY20 影印到另一块上。在30℃条件下培养6h。

（3）将带有混合细胞的平板影印到SD平板上，在30℃条件下过夜培养。

（4）观察菌株在SD平板上的生长状况，拍照记录，获得目的单倍体菌株。

五、作业及思考题

1. Sc-ura-leu平板上生长的菌落有几种可能的基因型？分别是什么？请简要说明。

2. 对比Sc-ura-leu平板及SD平板上菌落生长状况，在图中举例注释出目的菌株（*ade2::URA3*、*ade4::LEU2*）。

3. *ADE2*单基因突变菌落为红色，*ADE4*单基因突变菌落为白色，试利用基因上位性作用原理解释这两个基因双突变菌株菌落为白色的原因。

参考文献

［1］ALLIS C D,JENUWEIN T,REINBERG D.Epigenetics［M］.New York:Cold Spring Harbor Laboratory Press,2007.

［2］SHERMAN F. Getting started with yeast［J］.Methods Enzymol,2002,350:3-41.

［3］CODÓN A C,GASENT-RAMíREZ J M,BENíTEZ T.Factors which affect the frequency of sporulation and tetrad formation in *Saccharomyces cerevisiae* baker's yeasts［J］.Applied & Environmental Microbiology,1995,61(2):630-638.

［4］HERSKOWITZ I.Life cycle of the budding yeast *Saccharomyces cerevisiae*［J］. Microbiological Reviews,1988,52(4):536-553.

实验38

拟南芥 T-DNA 插入突变体的鉴定

一、实验目的

1. 通过拟南芥突变体鉴定了解植物模式生物的遗传原理及操作，掌握小量快速提取拟南芥基因组 DNA 的方法。

2. 掌握利用 PCR 方法鉴定拟南芥 T-DNA 插入突变体的原理和方法。学习利用 southern 技术检测 T-DNA 插入拷贝数的方法。

二、实验原理

基因组测序工作的完成使从位点到表型的反向遗传学研究成为可能。突变体在植物基因分离及遗传学研究中发挥着重要作用。物理诱变、化学诱变、同源重组、基因沉默以及插入突变等方法都可以用来构建突变体。但是物理、化学诱变比较容易得到饱和突变体库，并且突变基因的克隆要用较复杂的图位克隆法，相对比较麻烦些[1~4]。同源重组在酵母和鼠类中获得了成功，但在植物中同源重组率比较低。基因沉默在线虫的突变体库构建中得到成功应用，但并不适合于植物。插入突变能方便地进行正向和反向遗传学研究，因而在植物基因的功能研究中受到重视。

插入突变就是将已知的 DNA 片段插入到植物的基因组中，插入到基因组某基因座位的新基因会引起植物基因和染色体水平的重排，包括缺失、重复、倒位和易位等，导致植物基因组内源基因的失活，破坏基因表达所需的完整性，进而引起植株表现型上的差异，产生插入突变体[3]。在植物中插入突变的方法有多种，最初采用的方法主要为转座子插入突变法，利用这种方法进行基因克隆和功能分析虽然在许多植物中应用并获得成功，但转座子转座频率低，且插入的片段为多拷贝，这样在检测引起表型变异的插入片段时就比较困难；另外有内源转座子的植物很少，这也限制了这种方法的使用。除了转座子有插入致变的效应以外，植物农杆菌 Ti 质粒的 T-DNA 也能随机且稳定地整合到植物基因组，引起植物基因的失活和染色体的重排等，因此也可以作为突变原诱导植物产生突变。

T-DNA（transferred DNA）即转移 DNA，来自根癌农杆菌（*Agrobac terium tumefaciens*），根癌农杆菌是植物冠缨病的病原菌，其菌体内有一个能使植物产生肿瘤的质粒（Ti 质粒），Ti 质粒上含有一段 DNA 可以转移到寄主的染色体内，此即为 T-DNA。T-DNA 就是利用农杆菌介导的遗传转化方法将外源 T-DNA 转入植物，以 T-DNA 作为插入突变原或分子标记，来分离或克隆因为插入而失活的基因并研究基因功能的方法[2]。由于 T-DNA 左右边界及内部的基因结构是已知的，因此对获得的转基因插入突变体，就可以通过已知的外源基因，利用各种 PCR 策略进行突变基因的克隆和序列分析，对比突变的表型进而研究基因的生理生化功能，同时，将细菌的新霉素磷酸转移酶（neomycin phosphotransferase Ⅱ，NPT Ⅱ）基因转入植物细胞后，植物细胞可抗卡那霉素。因此 T-DNA 标签这种方法已经成为植物反向遗传学研究的一种主要策略。到目前为止，已构建了 225000 多个拟南芥 T-DNA 插入突变体，获得了约 360000 个 T-DNA 插入位点序列，这几乎涵盖了拟南芥的整个基因组。如果 T-DNA 标签的插入基因的外显子区域，大多数都会使该基因敲除或者部分转录；T-DNA 标签的插入基因的内含子区域，可能使该基因敲除或者部分转录或者不影响该基因的转录；如果 T-DNA 标签的插入基因的 UTR3 区域，有可能会影响该基因 mRNA 3′ 的稳定性，所以大多数情况是会使该基因抑制；如果 T-DNA 标签的插入基因的启动子或者 UTR5 区域，大多数情况是会使该基因抑制，也有可能使该基因敲除，还有一种特别的情况是插入导致前后基因的超表达和基因获得性突变（gain of function），因为插入的 T-DNA 标签中含有 35S 启动子。

拟南芥 SALK 种子库中用于构建 T-DNA 插入突变体的载体是 pROK2（图 38-1）。

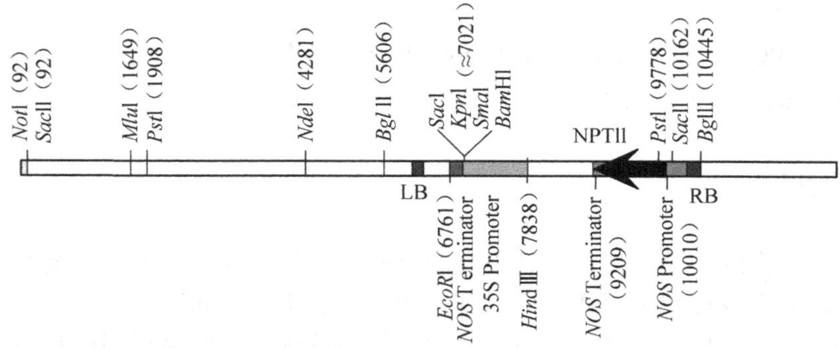

图 38-1 pROK2 载体示意图

图 38-2 是 T-DNA 插入突变体鉴定的原理示意图。

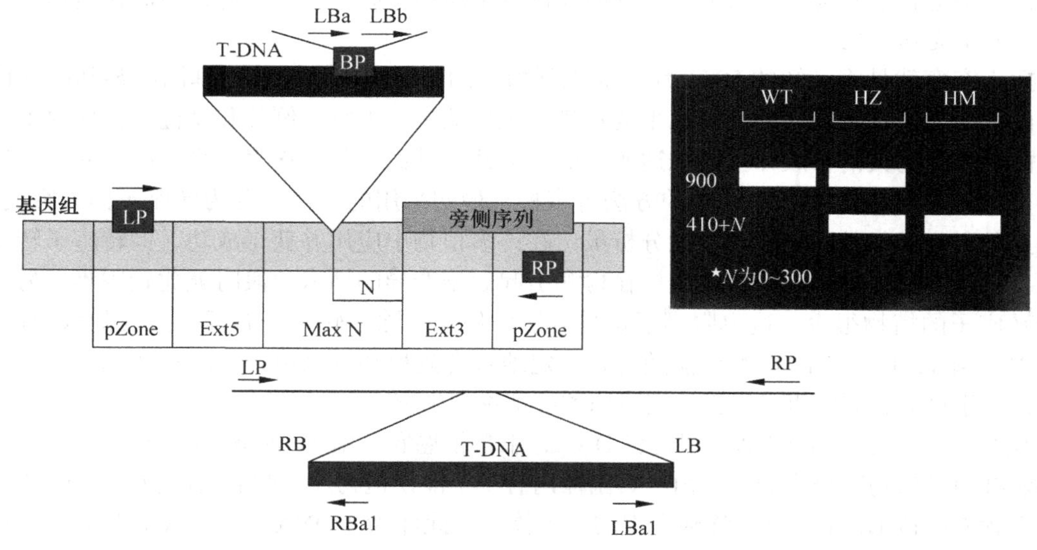

图 38-2 T-DNA 插入突变体鉴定原理图[5]

WT：wild type（野生型）；HZ：heterozygote（杂合体）；

HM：homozygote（纯合体）；LB：left border，RB：right border

引物设计为：

LBa1：5′- TGGTTCACGTAGTGGGCCATCG-3′；

RBa1：5′-GTTTCTGACGTATGTGCTTAGC-3′。

如图 38-2 所示，一般情况下，突变体鉴定要经过两轮 PCR 反应，分别是 LP＋RP 组合及 RP＋ LBa1 组合，因为 T-DNA 插入过程中是左边先插入到基因组中，所以如果有 T-DNA 插入，一定有左边，右边有的时候会丢失，所以一般情况下选用 RP＋LBa1 而不选用 LP＋RBa1 的组合。但是有的时候会由于 T-DNA 载体插入反了或者由于两个或更多拷贝 T-DNA 的反向串联插入基因组中的某一位置，出现两端都是 T-DNA 的左端序列（left borders）即 LB-RB——RB-LB，这些情况会使鉴定变得复杂化。所以如果鉴定突变体的过程中发现 RP＋LBa1 扩不出来片段的时候，我们应该用 LP＋LBa1 来尝试一下。

三、实验材料及用具

研磨棒、离心机、电泳仪、微量移液器、分析天平、剪刀、镊子、酸度计、凝胶成像仪、紫外交联仪、PCR 仪、2×Taq PCR 混合物、琼脂糖、*Eco*R Ⅰ、*Pst* Ⅰ、*Hin*d Ⅲ内切酶，α-^{32}P-dCTP。

四、实验方法和步骤

1．引物设计

突变体鉴定的引物可以通过网站（http://signal.salk.edu/tdnaprimers.2.html）输入突变体种子号自动生成，如果网站给的鉴定引物不是特别理想的话也可以自己设计鉴定引物，在 TAIR 网站（http://www.arabidopsis.org/）上找到基因突变体大致的插入位置后，在该插入位置上下大约 500bp 左右分别设计 LP 和 RP。

2．拟南芥基因组 DNA 的小量快速提取

（1）取植物叶片（拟南芥一片叶子），置于 1.5ml 离心管中，加入 400μl 拟南芥基因组 DNA 小量提取缓冲液；

（2）用研磨棒研磨植物材料，直至缓冲液变为绿色；

（3）在台式离心机上以 13000r/min 转速离心 10min；

（4）离心后将上清液转移至一个新的 1.5ml 离心管中；

（5）在上清液中加入 400μl 异丙醇，混匀后在 4℃条件下放置 10min 以上，在室温下以 13000r/min 转速离心 10min；

（6）弃上清液后，用 70% 乙醇润洗沉淀，并在室温下干燥沉淀；

（7）用 100μl ddH_2O 溶解沉淀，将制备好的样品在 4℃保存备用。

注：此方法提取的基因组 DNA 只适用于 PCR 的鉴定，不适合酶切和大片段基因的扩增。

3．PCR 鉴定

（1）在 0.2 ml PCR 管中加样（表 38-1）。

表 38-1　PCR 配方

配方	含量 /μl
ddH_2O	5.6
2×Taq PCR 混合物	10
基因组 DNA	4
上游引物（20μmol/L）	0.2
下游引物（20μmol/L）	0.2

（2）短暂离心，混匀样品。

（3）反应条件：94℃预变性 5min；94℃变性 30s，58～60℃退火 30s，72℃延伸 50s，30 个循环；72℃延伸 5min。

（4）取 8～10 μl PCR 产物，用 1% 琼脂糖凝胶电泳检测。

注：反应条件需根据所要扩增产物的大小和引物的性质进行合适的调整。

以拟南芥 *cpk4-1*（SALK_081860）[1] 这个突变体为例，由于网站预测的引物不是特别理想，所以自行设计引物如下：

LP2：5′-AATCCGACTTACTTTGGTTAGAA-3′；

RP2：5′-GCTTAGCATCATCACTGGGAC-3′。

鉴定结果如图 38-3 所示。

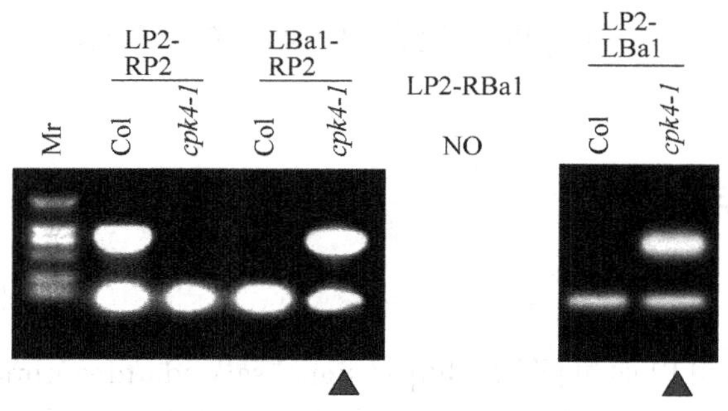

图 38-3　PCR 鉴定结果[1]

针对 *CPK4* 基因的一对引物 RP2＋LBa1，以野生型 Col 的基因组 DNA 为模板，扩增不出特异条带；而以 *CPK4* 基因的 T-DNA 插入突变体 *cpk4-1* 基因组 DNA 为模板，扩增出特异条带。利用另一对引物 LP2＋RP2，以野生型 Col 的基因组 DNA 为模板，可以扩增出特异条带；而以 *CPK4* 基因的 T-DNA 插入突变体 *cpk4-1* 的基因组 DNA 为模板，却不能扩增出特异条带。也说明被检测的该株突变体为 T-DNA 插入纯合体，值得注意的是，在 *cpk4-1* 中，用 LP2＋RBa1 序列扩增不到条带，而 LP2＋LBa1 可以扩增出条带，根据 T-DNA 网站提供的信息，可能在这两个突变体中，多个 T-DNA 片段以反向串联的方式插入（LB-RB——RB-LB）。

4．突变体 T-DNA 精确插入位点的确定

T-DNA 插入到基因组后，有可能导致插入处碱基的丢失。如果想知道突变体 T-DNA 精确插入位点，以及插入对基因组序列有没有影响，那么必须知道 T-DNA 插入到基因组处的左右序列。在一般情况下，单拷贝插入的 SALK 种子只要得到 RP＋LBa1 和 LP＋RBa1 这两个 PCR 产物后，回收、连接 T 载体进行测序，通过在 TAIR 网站上（http://www. arabidopsis.org/）比对分析基因组序列就可以知道 T-DNA 精确插入位点。但是 *cpk4-1* 这个突变体比较特殊，将 RP2＋LBa1 扩增的条带及 LP2＋LBa1 扩增的条带回收，连接 T 载体进行测序，通过比对分析后可以得出如下的结果（下画线 ATG 表示起始密码子，斜体表示由于 T-DNA 序列的插入导致基因组上相应

的碱基缺失）：

cpk4-1：

AACTTC ***GTATCATCTTC*** CTCCTCCTCCTTTGATAAACACCAAAAAAAGGCAGAGAC TTTCGAAATCAAGAACA**ATG**

T-DNA 序列插在 CPK4 基因组 DNA 上的起始密码子（ATG）前第 67 个到第 57 个碱基之间，插入导致 11bp 碱基的缺失。

5．突变体 T-DNA 插入拷贝数的确定

在 SALK 库中，50% 的品系是单拷贝 T-DNA 插入，还有 50% 的品系可能是两个或更多拷贝 T-DNA 插入。可以通过杂合体自交后代卡纳霉素抗性的分离比来大体判断 T-DNA 插入的拷贝数，如果是单拷贝插入，单位点插入的抗卡纳霉素的植株与不抗卡纳霉素的植株分离比应该是 3：1。如果要进一步确定插入的拷贝数就要做 Southern 杂交。以 *cpk4-1* 为例，根据鉴定结果发现该突变体很有可能有多个 T-DNA 片段以反向串联的方式插入，所以很有必要用 Southern 杂交检测 T-DNA 插入的拷贝数。Southern 杂交所选用的植物材料大概是五六周结有部分荚果的整体植株。以拟南芥 *cpk4-1* 这个突变体为例，所选用的酶是 *Eco*R Ⅰ/*Pst* Ⅰ、*Hin*d Ⅲ。所用的探针所用引物（*NPT* Ⅱ）（SALK 库）：

正向引物：5′-TCAGAAGAACTCGTCAAGAAGG-3′；

反向引物：5′-CTATCGTGGCTGGCCACGACG-3′。

Southern 具体实验步骤如下：

1）拟南芥基因组 DNA 的大量提取

（1）取 3g 新鲜植物材料（大约要用 6 小盆刚开始结荚果的五周龄植株），加液氮研磨成粉末，转入 50ml 离心管中；

（2）加入预热至 65℃的 10ml CTAB 提取缓冲液（用前加 2% 巯基乙醇），混匀后放入 65℃水浴中 45min（其间翻转 2～3 次，注意防止盖子蹦出）；

（3）加入 8mlTris 饱和酚 / 氯仿 / 异戊醇（4ml/3.84ml/0.16ml）（25：24：1），混匀抽提 30 分钟，以 6000r/min 转速离心 15min；

（4）将上清液转移到另一个新离心管中，加入 2/3 体积预冷异丙醇，在－20℃条件下放置 30min，沉淀 DNA；

（5）以 12000r/min 转速离心 10min；沉淀转入盛有 75% 乙醇的 1.5ml 离心管中，倒掉乙醇，再用无水乙醇洗涤沉淀，倒掉乙醇后晾干；

（6）加入 700μl TE 溶解，加入 7μlRNase，在 37℃下处理 1h；

（7）加入 500μl 酚 / 氯仿 / 异戊醇（25：24：1），混匀抽提 5min，以 12000r/min 转速离心 10min；

（8）取上清液，加入 120μl TE，再加 500μl 氯仿 / 异戊醇（24：1），混匀抽提 5min，以 12000r/min 转速离心 10min；

（9）取上清液，加入 2/3 体积异丙醇，在－20℃条件下放置 30min，沉淀 DNA；

（10）以 12000r/min 转速离心 10min；去上清液，加入 75% 乙醇洗涤沉淀；以 12000r/min 转速离心 10min；倒掉乙醇后晾干；

（11）用 200～400μl TE 溶解 DNA；

（12）用 1μl DNA 加 9μl H_2O，电泳检查 DNA 样品质量。

2）基因组 DNA 大量酶切

（1）在 1.5ml 离心管中加入下列试剂：基因组 DNA50μl，10× 缓冲液 20μl，ddH_2O 120μl，小心混匀，稍离心，在 4℃条件下过夜（18h 以上）；

（2）加入 4μl 内切酶，1h 后加入 2μl 内切酶、88μl 水、10μl 10× 缓冲液，小心混匀，稍离心，酶切 12h；

（3）加入 500μl 水、600μl 异丙醇，混匀后在－20℃条件下放置 30min，以 12000r/min 转速离心 10min；

（4）弃上清液，加入 1ml 70% 乙醇洗涤沉淀，以 12000r/min 转速离心 5min，吹干；

（5）沉淀溶于 30μl 无菌水中。在 65℃条件下变性 5min，加入 5μl 10 倍上样缓冲液。

3）琼脂糖凝胶电泳

酶解完全的 DNA 上样于 0.8% 的琼脂糖凝胶，在 1×TAE 缓冲液中，30V 恒压电泳，直至溴酚蓝跑至凝胶的边缘。

4）转膜

（1）取出凝胶，将胶稍作修整，切除无用的凝胶部分，将凝胶的左下角切去以便于定位，将凝胶浸泡于 0.25mol/L HCl 中 10min，使其脱嘌呤，直至溴酚蓝变黄；

（2）用去离子水漂洗一次，然后浸泡于适量的 0.4mol/L NaOH 中变性 20min；

（3）在一塑料或玻璃平台上铺 2～3 层滤纸，将其置于一搪瓷盆或玻璃缸中，盛满 0.4 mol/L NaOH 的转移缓冲液，滤纸的两端要完全浸泡在溶液中（注意正反面），置于上述平台中央，注意两者之间不要有气泡，在凝胶边的四周用封口膜封严，以防止在转移过程中产生短路；

（4）将尼龙膜（面积稍大于凝胶）小心覆盖在凝胶上，相应地将膜的一角剪去并标计好正反面；再将两张滤纸（和凝胶一样大小）覆盖在尼龙膜上，排除气泡；裁剪一些与凝胶一样大小的吸水纸，置于上述滤纸之上；在吸水纸上置一玻璃板，其上压一重约 500g 的物品；静置 24h 使其充分转移，其间注意更换吸水纸；

（5）转移结束后，将膜置于 2×SSC、0.1% SDS 中浸泡 5min，室温晾干；用紫外交联仪固定 DNA 2min 即可。

5）放射性核素探针与尼龙膜上 DNA 的杂交

（1）预杂交

尼龙膜在 2×SSC、0.1% SDS 中浸泡，放入杂交管，使其正面（载有 DNA 的一面）朝向管的内部；加入适量的 2×SSC、0.1% SDS，在 65℃条件下处理 15min；弃上述溶液，加适量 Church（1984）预杂交液，在 65℃条件下预杂交至少 2h，封闭膜上非特异性结合位点。

（2）随机引物法标记探针

① 在 0.1ml 的 PCR 管中加入：模板 DNA25ng、随机引物 1（random primer-1）2μl，用无菌水补总体积至 14μl，小心混匀，稍离心；

② 加入 10× 缓冲液、dNTP 混合物各 2.5μl，没有外切酶活性的 klenow 片段（exo-free klenow fragment）1μl，混匀；在 95℃条件下加热 3min 后，迅速置于冰中冷却 5min，加入 α-^{32}P-dCTP（50μCi）1μl，用移液枪吹打混匀；

③ 在 37℃条件下反应 20min，置沸水中 3min，再置冰上 5min，使探针变性，用于杂交。

（3）杂交

将标记好的探针加入杂交管底（勿直接加到膜上），在 65℃条件下杂交 12～16h 过夜。

6）洗膜

倒出杂交液，用少量 2×SSC、0.1% SDS 室温洗膜 2～3 次，并随时检测放射强度。

7）压片与洗片

取出尼龙裹尼龙膜，用保鲜膜包裹尼龙膜，放进暗盒中，使其正面朝向增感屏面，在尼龙膜上压上一片 X 光片；在－70℃下进行 X 光片放射自显影 7 天；在暗室中取出 X 光片，置适量显影液中浸泡 1～3min，用水漂洗后放入定影液中 3～5min，取出用水冲洗 X 光片，晾干。

结果如图 38-4 所示。

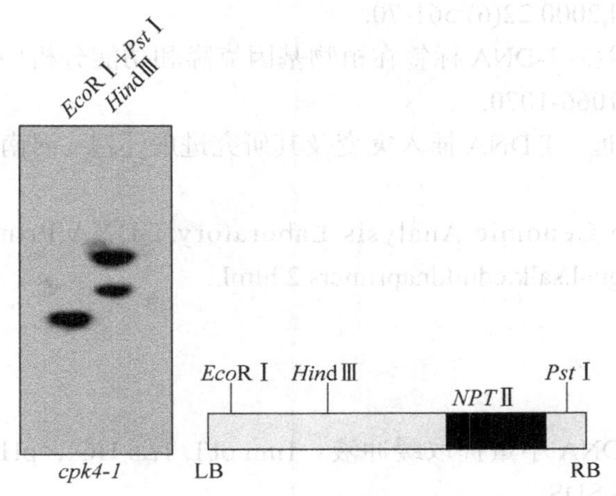

图 38-4　southern 杂交结果图及原理[1]

结果显示，用 *Hind* Ⅲ酶切的 *cpk4-1* 杂交后得到两条杂交带，用 *Eco*R Ⅰ/*Pst* Ⅰ双酶切的 *cpk4-1* 杂交后得到一条杂交带。由于插入的 T-DNA 序列在探针两侧刚好同时存在 *Eco*R Ⅰ或 *Pst* Ⅰ，所以双酶切只能得到一条带，而 *Hind* Ⅲ酶切得到两条带，说明在 *cpk4-1* 有两拷贝 T-DNA 序列插入。

最后，可以画出 *cpk4-1* T-DNA 插入突变体示意图（图 38-5）。

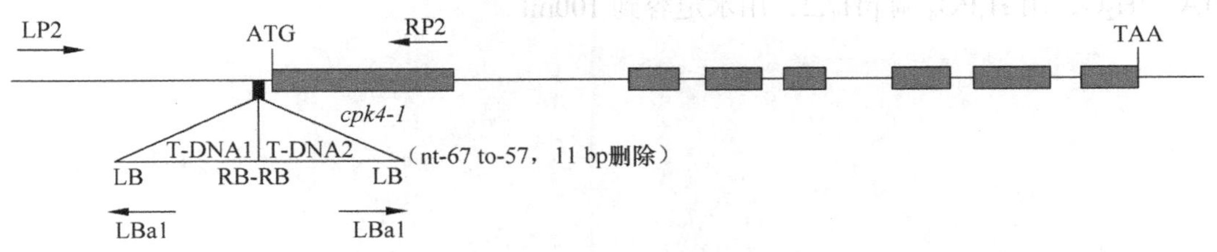

图 38-5　T-DNA 插入突变体示意图[1]

五、作业及思考题

1. T- DNA 插入到植物基因组后是否一定会导致附近基因敲除或者抑制？

2. 以突变体 *cpk4-1* 为例，解释 Southern 杂交结果 *Eco*R Ⅰ/*Pst* Ⅰ双酶切的 *cpk4-1* 杂交后为什么只有一条杂交带，而 *Hind* Ⅲ酶切得到两条带？如果用 *Eco*R Ⅰ单酶切 *cpk4-1* 杂交后会得到几条带？选择内切酶切 *cpk4-1* 时要特别注意一个什么问题？

参考文献

［1］SAI-YONG Z,XIANG-CHUN Y,XIAO-JING W,et al. Two calcium-dependent protein kinases,CPK4 and CPK11，regulate abscisic acid signal transduction in *Arabidopsis*［J］.Plant Cell，2007,19(10):3019-3036.

［2］JEON J S,LEE S,JUNG K H,et al.T-DNA insertional mutagenesis for functional genomics in rice［J］.Plant Journal,2000,22(6):561-70.

［3］侯雷平，李梅兰．T-DNA 标签在植物基因克隆和功能分析中的应用［J］．西北植物学报，2006，26（5）：1066-1070.

［4］王凤华，李光远．T-DNA 插入突变及其研究进展［J］．河南农业科学，2007（6）：12-14.

［5］Salk Institute Genomic Analysis Laboratory.T-DNA Primer Design［EB/OL］.［2003-01-30］．http://signal.salk.edu/tdnaprimers.2.html.

附录

1．拟南芥基因组 DNA 小量提取缓冲液：1mmol/L Tris-HCl，pH7.4，0.1mmol/L EDTA，0.25mmol/L NaCl，0.5% SDS。

2．Southern 杂交溶液

（1）植物基因组 DNA 提取液（100ml）：称取 1.2114g Tris 碱、8.1816g NaCl、0.7445g EDTA · $2H_2O$、2g CTAB，用 HCl 调 pH8.0，用水定容到 100ml，用前加入巯基乙醇（终浓度为 0.2%）。

（2）20×SSC（1L）：称取 175.3g NaCl、88.2g 柠檬酸钠，用柠檬酸调 pH7.0，用水定容到 1L。

（3）Church 缓冲液（100ml）：称取 3.9g NaH_2PO_4 · $2H_2O$、1g BSA、7g SDS、0.0037g EDTA · $2H_2O$，用 H_3PO_4 调 pH7.2，用水定容到 100ml。

实验 39

人体指纹纹理分析

一、实验目的

1. 了解手部指纹的皮肤纹理特点、皮纹分析中采用的指标，以及这些指标在医学遗传学研究中的作用，掌握皮纹分析图的印制方法。

2. 实验结果可作进一步分析与探究，使之将实验相关的知识与技能延伸到遗传与健康以及基因与群体等若干相关领域。

二、实验原理

人体皮肤由表皮和真皮构成。真皮乳头向表皮突出，形成许多整齐的乳头线，成为一条条突起的条纹，其上有汗腺开口，这些条纹称嵴纹。在突起的嵴纹之间形成凹凸的纹理，这就构成人体的皮纹。皮纹常在某些特殊部位出现，如手掌、手指和脚趾、脚掌等处。我们常以手部皮纹为研究对象。皮纹属多基因遗传，具有个体特异性。皮纹在胎儿的第 13 周开始发育，第 19 周完成，一旦形成，终生不变，有高度稳定性。即使是一卵双生儿的皮纹，尽管整体结构上看起来是完全相同的特征，但也总有一些差别，详细图形不完全相同。有些异常皮纹与遗传病明显相关，皮纹分析可用于遗传病，特别是染色体病的初筛和辅助诊断。

指纹类型（finger tip pattern）：指纹是指手指端的纹理，依指端外侧三叉的有无及数目的多少可分为三种类型。

（1）弧形纹（arch）：嵴线从手指的一侧走向另一侧，中间隆起弓形，纹理彼此平行无三叉线。可分为简单弧形纹和拱形弧纹（tented arch，At）2 种亚型，如图 39-1 所示。弧形纹的

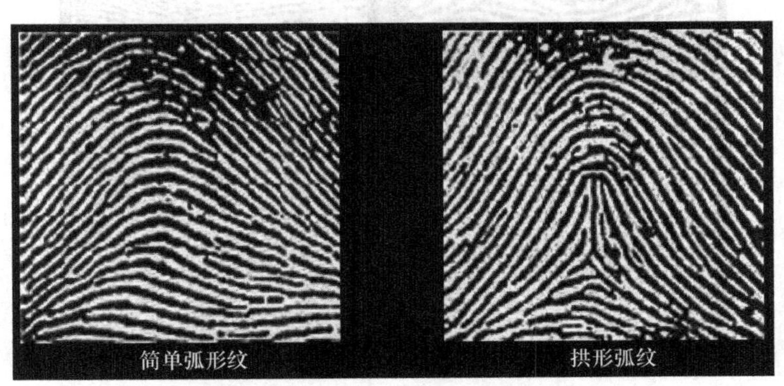

图 39-1　弧形纹

主要特征是没有三叉点（triradius），呈现有弧度的纹路；依弧形纹的弧度不同，还可发现其他类型的相似弧形纹。

（2）箕形纹（loop）：嵴纹从一侧发出后向上弯曲，又转回发生的一侧，形似簸箕状。若箕口朝向手的尺侧称为尺箕（ulner loop，Lu）或称为箕，箕口朝向手的桡侧称为桡箕（radial loop，Lr）或反箕。箕头的侧下方有一个三叉。所谓三叉（triradius）是指肤纹中有三组不同走向的嵴纹汇聚在一处呈 Y 或人字形者。

正箕纹的主要特征是具有一个三叉点，并且其循环纹路尾巴指向小指，图 39-2 左图是个右手指纹，其中圆圈为三叉点，而尾巴朝向右边（即右手小指区）。反箕纹的主要特征是具有一个三叉点，并且其循环纹路尾巴指向拇指，图 39-2 右图是个右手指纹，其中圆圈为三叉点，而尾巴朝向左边（即右手拇指区）。

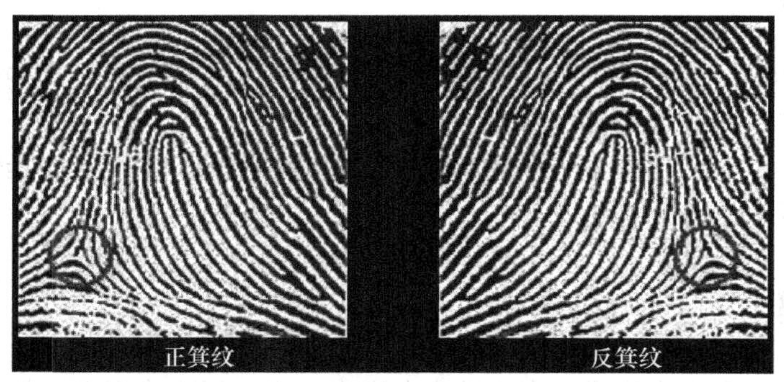

图 39-2　箕纹

（3）斗形纹（whorl）：特点是有两个或两个以上三叉，嵴纹走向是同心环形（环形纹）或走向同一侧（偏形纹）。如图 39-3 所示，其中圆圈即是三叉点。相似于斗形纹，尚有三种常见的斗形纹衍生纹路：延斗纹（elongated whorl）、双箕斗（double loop whorl）、混合形（compound）。

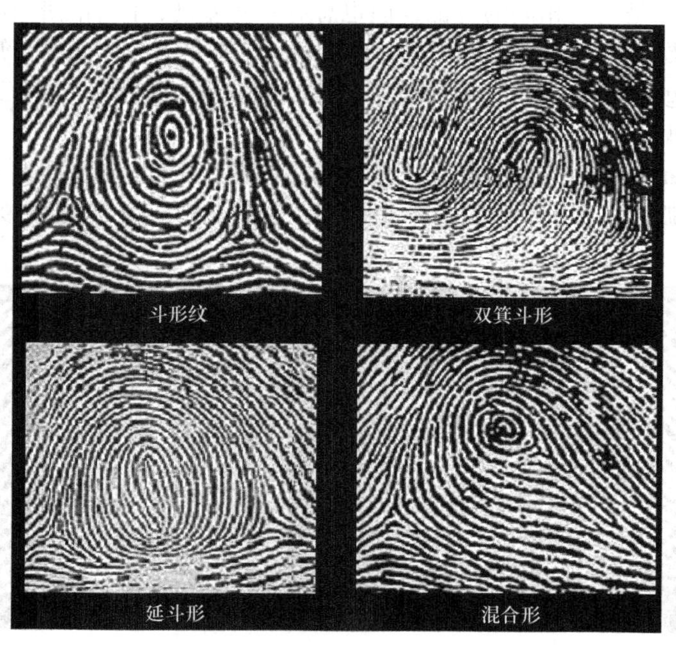

图 39-3　斗形纹及其衍生纹路

总指嵴纹数：从箕形纹或斗形纹的中心点到三叉画一直线，计数这条直线跨过的嵴纹数目，称为嵴纹计数（ridge count）。弓形纹无三叉，其嵴纹数为 0，箕形纹有一个三叉，故有一个嵴纹数，斗形纹有两个三叉，故有两个嵴纹数（取两个中较大的为准），将十指嵴纹数相加，即为总指嵴纹数（total finger ridge count，TFRC）。我国正常人斗形纹较多，故 TFRC 较高。欧美人斗形纹较少，TFRC 较低。我国汉族男性 TFRC 值平均为 148.80 条，女性平均为 138.46 条。另外，TFRC 有随 X 染色体增多而递减的趋势。

三、实验材料及用具

印油或印泥、白纸、直尺。

四、实验方法及步骤

（1）先用肉眼直接观察自己的指纹类型，找出箕形纹与斗形纹的三叉点位置。对着直射光线，转动手指，以便从不同方向观察，使嵴纹与沟的对比度增加。

（2）左手印制单个手指的指纹，在大拇指侧印出大拇指指纹，依次印出食指、中指、无名指、小指的指纹。按指纹时，一定要把有三叉点的位置印出，手指应先以指甲与白纸垂直的方式落在白纸上，再转动手指，从这一侧滚至对侧，得到完整的指纹。

（3）依同样的方式在白纸的右侧分别印出右手五个手指的完整指纹。

（4）在每一指纹旁标注指纹类型。在有三叉点的指纹图中，画出从指纹中心点至三叉点的连接直线，数出直线经过处的嵴纹数目，再计算出总嵴纹数。

（5）指纹分析

① 指纹型：正常人各指纹图形有一定的出现频率，正常人双手指纹以正箕和斗形纹类型居多，而弓形纹和反箕则少见，但遗传病患者中指纹出现率则有异常。如正常人群中第 4、5 指的反箕仅占 0～1%，而先天愚型患者则以反箕居多。双手中指纹形为弓形纹的总数大于 7，在正常人群中仅约 1%，而在 18 号染色体三体患者中则多达 80%。双手中指纹型为斗形纹总数大于 8，在正常人群中仅有 8%，而在 5p 患者（五号染色体臂缺失患者，俗称猫叫综合征患者）中达到 32%。以上为染色体病患者的皮纹变化举例。单基因和多基因遗传病也都有一定的皮纹改变：室间隔缺损患者尺侧箕纹增加；房间隔缺损患者桡侧箕纹增加；法乐四联征患者斗形纹增加；精神分裂症患者尺侧箕纹增加，斗形纹减少。

② 总嵴纹数：性染色体变异患者皮纹突出的表现就是 TFRC 与性染色体数目相关：每增加一条 X 染色体，则 TFRC 值减少 30；增加一条 Y 染色体，则减少 12。如 Turner 综合征患者 TFRC 值明显增加（60～203），而正常女性为 127；克兰费尔特（Klinefelter）综合征患者 TFRC 值降低，也有另外现象，弓形纹增加。

五、作业及思考题

1. 以表格形式归纳汇集自己的指、掌纹特征信息。
2. 如有兴趣和可能，可利用节假日作家庭成员的手部皮纹分析，再作上述分析。

附录

十一种基本类型指纹

	斗形纹（concentric whorl） 指端上的纹路以完整的圆圈出现，并以同心圆方式向外扩散，拥有两个三角点。
	螺形纹（spiral whorl） 从核心点开始，以螺旋状方式向外旋出，拥有两个三角点。
	囊形纹（press whorl） 极像环形斗，但回圈方式较狭长，或呈现被挤压之囊形状，有两个三角点。
	孔雀眼（peacock's eye） 乍看像孔雀的眼和嘴形，在中央处有一圈以上的环形或螺形，其他部分类似箕纹，拥有两个三角点，一个较远，一个则靠近中央。
	内破双斗纹（imploding whorl） 中间部分有两个纹在一起的箕纹，但朝外部分有多层圆形环包覆，看起来像圆形围中有一个小太极图形在核心处。
	双斗纹（composite whorl） 或称复合斗，主体由两个相反的箕纹组合而成，看起来像太极图形。
	正箕纹（ulnar loop） 像瀑布水流一样朝小指方向流去，拥有一个三角点。

续表

	反箕纹（radial loop） 如正箕般，但水流方向朝向大拇指，有一个三角点。
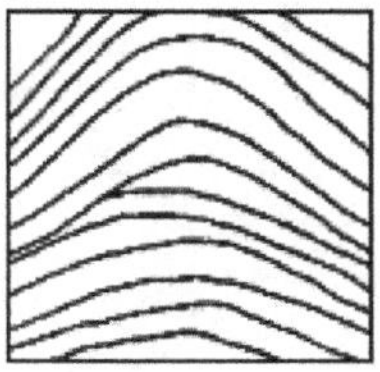	简单弧（simple arch） 看起来向丘陵，在中央处和缓突起，无三角点。
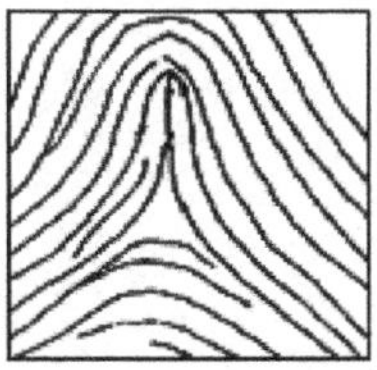	帐篷弧（tented arch） 基本型像简单弧，但在中央处有角度明显的转折点，向上突起的纹线或无法计数出回路的类似箕纹。
	变形纹（variant） 通常在一个指端同时拥有两个以上的斗纹、箕纹或弧纹的组合，拥有两个或两个以上的三角点。